RESULTADOS EXPRESSIVOS E DURADOUROS.

Conteúdo Online
Preparamos para você, acesse Qrcode abaixo:

wa.link/ez577a

VENÇA COM EXCELÊNCIA, LEAN EMOCIONAL

VENÇA COM EXCELÊNCIA, LEAN EMOCIONAL RESULTADOS EXPRESSIVOS E DURADOUROS

ANDRÉ BORGOMONI

EDUARDO YOSHIDA

WINNER'S ALLIANCE

VENÇA COM EXCELÊNCIA
LEAN EMOCIONAL, RESULTADOS EXPRESSIVOS E DURADOUROS
ANDRÉ BORGOMONI & EDUARDO YOSHIDA

Edição
ANDRÉ BORGOMONI

Revisão
ELISA DIAS

Capa
GUI BORGOMONI

Reservados todos os direitos. Nenhuma parte desta obra poderá ser reproduzida por fotocópia, microfilme, processo fotomecânico ou eletrônico sem permissão expressa do autor. **ISBN:** 9798835276516

Prologo 7

Capítulo 1. O que é LEAN EMOCIONAL? 11

Capítulo 2. Principais dificuldades na implementação do Lean   17

Capítulo 3. Inteligência Emocional 23

Capítulo 4. Técnicas Lean 29

    4.1. Entendendo o propósito da sistemática Lean 33

    4.2. Credibilidade e inovação: resolvendo problemas .. 38

    4.3. Fundamentos da sistemática LEAN: CONSTRUIR CREDIBILIDADE com gestão PDCA 43

    4.4. Fundamentos da sistemática Lean: os inimigos da boa performance (MURI, MURA, MUDA) 48

    4.5. Fundamentos da sistemática Lean: tipos de KAIZEN e a importância do acúmulo de CONHECIMENTO 56

    4.6. Fundamentos da sistemática Lean: KAIZEN E TRABALHO PADRONIZADO (com 5S) andam juntos 67

    4.7. Fundamentos da sistemática Lean: JUST IN TIME & JIDOUKA   83

    4.8. Fundamentos da sistemática Lean: controle visual   95

Capítulo 5. Organização profissional 99

    5.1. Exemplo e suporte 100

    5.2. Patrocínio 101

    5.3. Fortalecimento da estrutura 101

    5.4. Coordenação e promoção de atividades 105

Capítulo 6. As 5 atitudes fundamentais para o sucesso .. 109

Capítulo 7. Como garantir resultados expressivos e duradouros   113

Capítulo 8. Você no caminho do sucesso. 119

Prólogo

Olá! Primeiramente, gostaríamos de parabenizá-lo por sua busca pelo sucesso!

Somos a WINNER'S ALLIANCE, **empresa DEDICADA A TRANSFORMAR ESTE MUNDO EM UM LUGAR MELHOR. Temos o compromisso de ajudar VOCÊ a se tornar uma pessoa capaz de GERAR OS RESULTADOS QUE TE LEVARÃO AO SUCESSO E À REALIZAÇÃO DE SEUS SONHOS.**

Nossa empresa é composta por dois engenheiros de formação, André Borgomoni e Eduardo Kazuo Yoshida. Juntos, temos mais de 47 anos de experiência na aplicação do LEAN MANUFACTURING (Sistema Toyota de Produção), sempre gerando resultados expressivos e duradouros. Aprendemos muito participando, na Toyota, de inúmeros projetos desafiadores que exigiram o máximo de nossa capacidade e nos proporcionaram uma evolução extraordinária. Com certeza, esses projetos transformaram as nossas vidas!

Hoje, somos muito mais capazes do que no início de nossas carreiras e, por isso, podemos colaborar com a TRANSFORMAÇÃO de sua vida.

Em várias ocasiões, os nossos alunos disseram "Se eu tivesse conhecido vocês antes, minha vida (resultados) teria sido muito melhor, pois poderia ter evitado muitos erros que cometi pela falta de experiência e de conhecimento". Ou seja, essas pessoas perceberam seu desperdício de recursos e entenderam que é possível fazer alguns desvios nessa longa jornada. O sentimento comum foi o de que perderam muito tempo de suas vidas, e esse tempo não volta, por mais que peçamos desculpas. "O leite derramado não volta integralmente ao copo", é difícil recuperar a nossa credibilidade. Esses percalços nos atrasam muito e vão drenando a nossa vitalidade e motivação.

Percebemos, então, a partir destes feedbacks, que podemos usar toda a nossa experiência para evitar o sofrimento e o "desperdício das vidas". Por isso, definimos que o nosso propósito é o de guiar os nossos alunos para que sejam mais eficientes e assertivos no caminho para o sucesso. Ou seja, queremos ajudá-lo a alcançar seus objetivos evitando as armadilhas e erros que frequentemente são cometidos.

Você já cometeu algum erro do qual se arrependeu? Com certeza sim, ninguém comete erros de forma consciente. Com muita frequência, somos vítimas de nossa inexperiência, da falta de conhecimento, da arrogância de achar que sabemos tudo, do medo que acaba nos paralisando. Entretanto, o importante é não remoer o passado e realizar esta transformação com a cabeça erguida. Nunca é tarde para começar!

Para que o nosso propósito se torne realidade, criamos a WINNER´S ALLIANCE e, através de nossos treinamentos e consultorias, já ajudamos muitos alunos e promovemos GRANDES MUDANÇAS em suas vidas pessoais e profissionais.

Finalmente, decidimos editar este livro "VENÇA COM EXCELÊNCIA, LEAN EMOCIONAL: RESULTADOS EXPRESSIVOS E DURADUROS" para que, com este conhecimento, você também possa transformar a sua vida. O livro foi concebido para ser uma coletânea de conhecimentos essenciais e dicas para que você ALCANCE O SUCESSO através do aprendizado.

Como gerar resultados? Como construir sua credibilidade? Como participar de projetos cada vez mais desafiadores?

Será um grande prazer compartilhar com você os nossos conhecimentos e práticas. Nós aprendemos muito experimentando e nos desafiando por caminhos que não conhecíamos; usamos a nossa intuição, seguimos os conselhos de nossos "senseis" expatriados da TOYOTA Japão aqui no Brasil e tivemos nossos momentos de fracasso. No fim das contas, foi a reflexão sobre o que fizemos de certo ou de errado que nos permitiu voltar para o caminho do sucesso.

Somos muito gratos porque tivemos a oportunidade de avançar rapidamente rumo aos nossos objetivos. BRILHAMOS muito neste caminho e queremos compartilhar, aqui, este BRILHO (conhecimento e valores) para que você, assim como nós, possa evoluir e INSPIRAR mais pessoas. Gratidão desde já por decidir viver conosco o SONHO DE TRANSFORMAR O MUNDO.

Os assuntos abordados neste livro são:

1º capítulo: Introdução ao LEAN EMOCIONAL, ou seja, apresentação do LEAN COMPLETO e dos aspectos MINDSET, técnica e organização/preparo, que devem ser desenvolvidos de forma equilibrada e no mais alto nível para que você alcance os seu SUCESSO.

2º capítulo: Discussão sobre as dificuldades frequentes e como encará-las.

3º capítulo: Como aprender o aspecto EMOCIONAL para ter o MINDSET vencedor, ou seja, como entender os seus sentimentos e os do time, quais os valores importantes.

4º capítulo: Como aplicar as TÉCNICAS LEAN. Você entenderá as PARTES e o TODO da sistemática para que, a partir dela, possa obter resultados expressivos e duradouros.

5º capítulo: Como ter ORGANIZAÇÃO/PREPARO, como desenvolver pessoas e como organizar atividades.

6º capítulo: Atitudes essenciais que devemos ter no dia a dia.

7º capítulo: Como ser assertivo na sua jornada.

8º capítulo: Resumo e sugestões de ações imediatas e futuras.

Neste livro, você entenderá o PORQUÊ, o QUÊ e o COMO. Temos certeza de que este conteúdo será um divisor de águas para você assim como é para nossos alunos. Agora, vamos acompanhá-lo em sua jornada rumo ao sucesso.

Capítulo 1. O que é LEAN EMOCIONAL?

LEAN EMOCIONAL nada mais é que a união das técnicas do LEAN MANUFACTURING com as de organização e Inteligência Emocional. Mas qual seria a necessidade de juntar a parte técnica com a sensitiva, exatas com humanas? Ao longo de mais de 47 anos de experiência, percebemos que as falhas de implementação nas empresas ocorrem, na maioria das vezes, porque as emoções das pessoas são ignoradas. As ferramentas frias são simplesmente jogadas e espera-se que os resultados sejam imediatos, é claro que isso não tem como funcionar.

Estou certo de que você já passou por uma situação como essa, de implementação frustrada. Por que isso ocorre? Porque as empresas são imediatistas e não pensam nas pessoas.

Transformar essa condição é o propósito de existência do LEAN EMOCIONAL. Por meio dele, buscamos compreender e valorizar aqueles que agregam valor e contribuem para o progresso das corporações, podendo, desta forma, extrair o melhor de cada indivíduo e multiplicar o potencial dentro das equipes.

Imagine uma situação em que um colaborador recebe uma atividade sem motivo ou explicação. Ele poderá pensar: "Esse gestor está querendo me prejudicar, passar isso para mim? Deveriam passar para o estagiário! Com tantos anos de empresa, eu deveria receber algo melhor". Essa pessoa vai se sentir excluída e, como tal, além de não fazer a atividade, também vai desejar o fracasso do grupo que a excluiu, passando a jogar contra o time. Isso é absolutamente normal, faz parte do ser humano e varia conforme a maturidade de cada um.

Viver em comunidade é uma questão de sobrevivência para todos. Isso remete aos nossos antepassados, pois aqueles que ficavam isolados tinham muito menos chances de sobreviver e os que eram expulsos de uma sociedade estavam condenados à morte na selva. Esse sentimento também chega aos dias atuais, pois fica clara a necessidade de pertencimento do ser humano.

Pois bem, com a aplicação do LEAN EMOCIONAL, o cenário seria outro. Para passar uma atividade para alguém, o gestor colocaria da seguinte forma: "Estou confiando a você essa missão devido às suas habilidades A, B e C, que são de suma importância para que a tarefa seja realizada com excelência. O sucesso dessa atividade é vital para o progresso de toda a equipe e tenho certeza de que você irá superar as minhas expectativas". Desta maneira, o colaborador se sentiria pertencente ao time e haveria um engajamento para cumprir o que foi passado. Não seria necessário ficar cobrando nesse caso, pois a atividade passaria a ser importante para ele, não só para a empresa.

Para atingir esse nível altíssimo, você precisa se preparar em todos os sentidos e é por isso que trazemos, aqui, o Princípio do Atleta Completo (SHIN-GUI-TAI).

Transferindo este conceito para o nosso mundo corporativo: você estará pronto para vencer com o fortalecimento do MINDSET por meio do autoconhecimento (SHIN = mente), com o domínio das técnicas Lean para transformar os processos (GUI = técnicas) e com o corpo organizacional estruturado para gerar condições de trabalho (TAI = corpo).

Vamos ao primeiro passo: você irá transformar a sua mente e é claro que isso não acontece da noite para o dia. É como uma maratona, ninguém completou essa corrida no mesmo dia em que começou a andar. Olhe para a sua agenda, quantas vezes seu nome está lá? Acredite, VOCÊ é a pessoa mais importante da sua vida e deve ser sempre a sua prioridade. Isso não é egoísmo, apenas uma questão de ordem que faz parte do seu autoconhecimento (vamos nos aprofundar sobre esse assunto no capítulo 3).

Com essa nova consciência de que você faz primeiro o que é a sua prioridade, entenda que a ordem das suas atividades deve ser baseada no que é realmente importante para você. Mostrar o quanto cada tarefa é valiosa para seu executor faz com que, mesmo que inconscientemente, ele entenda qual é a maior prioridade, o que irá fazer primeiro e com a maior atenção, evitando as eventuais falhas.

É possível melhorar todo e qualquer processo e isso deve se tornar seu lema, quase um mantra a ser repetido várias vezes todos os dias em sua vida profissional e pessoal. Com esse aprendizado, você vai perceber como é incrível melhorar um pouco a cada dia.

O segundo passo é ter as ferramentas para seguir o caminho e realizar aquilo que já está vivo dentro de você. Entender e dominar as técnicas Lean se torna necessário, e tudo bem se você nunca passou por uma experiência de implementação das atividades de melhoria, pois iremos ver cada fundamento desse recurso no capítulo 4.

Com este aprendizado, você estará apto a encurtar as distâncias, reduzir os manuseios, diminuir os tempos de cada processamento, simplificar os métodos, otimizar os layouts e minimizar os movimentos. Você vai se transformar em um melhorador das condições de trabalho de quem processa o produto ou serviço para o cliente final e, devido a essa modificação, também vai conseguir entregar mais no mesmo tempo, gerando ganho de eficiência e produtividade. Uma das consequências de toda essa atividade é a esperada e necessária redução de custo.

O terceiro e último passo é a organização, necessária para que tenhamos condições de exercer todas essas atividades. Ela nada mais é do que a estrutura que você deve criar para saber COMO e EM QUAL ORDEM realizar cada tarefa necessária. Para tanto, utilize agenda, planilhas e tudo mais que possa auxiliar, escreva seus objetivos e todas as suas atividades, ordene em forma de cronograma, seja específico com os prazos, estabeleça dia e horário, inclua os pontos de verificação e os MILESTONES. Com isso, será possível verificar se você está no caminho correto.

Ainda falta encaixar todas as atividades do dia a dia. Com o auxílio da agenda, determine o período para executar cada uma dessas tarefas, tanto as profissionais quanto as pessoais, e não se esqueça da sua maior prioridade; separe o tempo da academia, meditação e tudo mais que você gosta de fazer. É importante escrever tudo isso para que fique registrado o compromisso com você mesmo.

Nesse capítulo você adquiriu os seguintes conhecimentos:

- ❖ O que é e qual o propósito do LEAN EMOCIONAL
- ❖ Princípio do Atleta Completo (SHIN-GUI-TAI)
- ❖ Os três passos para estar preparado para o SUCESSO:
    - MINDSET e a transformação da sua mente
    - Domínio das técnicas Lean
    - Organização e Comprometimento

No próximo capítulo, você irá entender as principais dificuldades encontradas na implementação das ferramentas Lean.

Capítulo 2. Principais dificuldades na implementação do Lean

Muitas são as dificuldades quando falamos na implementação de algo novo, mas sem dúvidas a que ocorre em todos os lugares é a falta de mudança do MINDSET. Isso acontece quando a pessoa que irá executar a atividade não está convencida de que essa mudança é importante para ela, quando esta se sente obrigada a fazer porque o chefe está mandando. A frequência com que encontramos situações como essa ainda é muito grande, por isso as falhas são muitas.

Vamos analisar o relato de um dos lugares que falharam quando tentaram utilizar as ferramentas Lean: "Está tudo mapeado e organizado, mas os resultados são pobres". Aqui, fica muito claro que alguém pensou e montou um plano, mas na hora de transmitir as atividades aos executores não se preocupou em mostrar o quanto essas alterações eram importantes, tanto para o grupo quanto para quem iria realizar as tarefas. Nesse tipo de caso, o que deve ser feito não é considerado como prioridade, portanto será concluído sem muita atenção e cuidado.

No entanto, para que essa passagem de tarefa seja bem-sucedida, você deve utilizar o seu poder de convencimento, mostrando para a equipe o quanto é importante fazer o que está sendo proposto. Imagine o montador de rodas e pneus de um carro; se ele acreditar que o trabalho dele é apenas parafusar, esse processo será feito de qualquer forma, mas se entender que quem compra um veículo zero quilômetro está realizando um sonho, que esse consumidor pode ter juntado todas as suas economias para essa aquisição, que pode ser alguém conhecido, amigo, parente ou até ele mesmo, o montador certamente irá tomar todos os cuidados necessários para garantir a perfeita execução dessa fixação.

Em outra ocasião, ouvimos essa colocação: "Foi com grande esforço que implementamos as ferramentas do Lean, mas o pessoal não usa direito". Essa situação mostra que todo o processo foi feito com imposição, sem uma comunicação adequada e sem o engajamento da equipe. Usar essas técnicas de maneira correta vai depender do entendimento de cada um, de quão eficiente foi a explicação sobre a melhor forma de utilizar a nova metodologia de produção enxuta.

Através da comunicação assertiva e não-violenta, você certamente vai conseguir evitar situações como esta acima. Em qualquer conversa, temos o interlocutor/emissor (quem fala), o receptor (quem escuta) e o meio, que neste caso é a fala, mas também poderia ser e-mail, celular, mensagem etc. O emissor SEMPRE é o responsável pela comunicação, portanto ele não deve terminar a frase com "Você me entendeu?", pois fazer isso é transferir a responsabilidade dele para o outro. Uma boa alternativa é dizer "Consegui me fazer entender?", e se a resposta for sim, o interlocutor deve pedir para que o ouvinte explique o que entendeu. Se a resposta bater com a mensagem pretendida, significa que o processo foi bem-sucedido, caso contrário deve-se tentar melhorar a explicação. Esse procedimento deve ser feito até que se confirme o entendimento do receptor, evitando, com isso, sérios problemas de comunicação.

Alguns chegaram, também, a alegar falta de tempo: "Com o tamanho dos problemas do dia a dia, não temos tempo para fazer essas melhorias". Essa pessoa só está apagando o incêndio. Se você não se preocupar com os problemas pequenos, eles vão crescer, ficar gigantes e será muito mais difícil resolvê-los, além de ser mais caro. O tempo é apenas uma questão de prioridade; quando a atividade é realmente importante para mim, eu faço sem desculpas, mesmo que o prazo seja apertado.

Pense bem: tudo que hoje é urgente, um dia foi apenas importante. Isso ocorre devido à procrastinação, pois vamos empurrando com a barriga até o último minuto e, então, partimos para a ação. Assim não é possível planejar e nem pensar na melhor solução, apenas tirar da frente. Veja esse exemplo: quando uma máquina que deveria produzir cem peças por hora faz noventa e nove, o chefe da produção fala "Vamos em frente, só uma não faz diferença". A empresa, então, segue por algumas horas até que o equipamento quebra, pois existia um pequeno vazamento de óleo que impedia a entrega máxima, normalmente uma borracha de vedação ressecada, dessas que custam centavos. O problema é que todo o óleo escorreu, o que gerou a queima de um motor que custa muito caro e demora horas para ser trocado. Por isso, devemos SEMPRE tratar dos pequenos problemas.

Também tem aqueles que só enxergam as falhas nos outros: "Já definimos as metas, mas o time não faz nada". Isso é transferir o problema, é ter o sentimento de que "a minha parte está feita, agora não é mais comigo". Contudo, a evolução só acontece quando entendemos e estamos aptos para resolver a dificuldade do outro, não adianta ficar falando onde a equipe deve chegar se eles não conseguem dar o primeiro passo. Muitas vezes, é necessário pegar pela mão e andar junto.

Com empatia, é possível sentir a dificuldade do outro e se disponibilizar para solucionar esse problema, construindo, assim, uma grande rede de cooperação e tornando o ambiente de trabalho muito mais colaborativo e agradável. Caso você acredite que isso é uma utopia, é porque seu local de trabalho é bastante nocivo e não permite atitudes humanas de verdade.

Existem ainda os "reis", os que pensam que estão acima do problema: "Há um cronograma e objetivos, mas ninguém cumpre". Essas metas devem ter sido traçadas por uma pessoa trancada em uma sala, sozinha e sem o aval de ninguém. Não existe comprometimento com aquilo que foi imposto; a construção do cronograma é o momento de unir a equipe, entender as dificuldades e encontrar soluções, sendo também uma ótima oportunidade para conquistar o engajamento de cada membro.

Esse é o momento de conversar com cada indivíduo e você deve aproveitá-lo ao máximo. Se forem colocados prazos muito longos, tente entender o porquê, pois pode ser alguma cicatriz de experiências ruins do passado. Entenda o problema e deixe claro para sua equipe que ele não ocorrerá novamente, pois todos devem se sentir seguros se o prazo estipulado for menor do que o sugerido inicialmente. Também vale ressaltar que prazos muito curtos podem significar falta de experiência e você não deve permitir essa falha, portanto mostre as dificuldades que poderão ocorrer e, caso necessário, esteja lá para ajudar. Dessa forma, construa um ambiente de confiança mútua, com todos engajados e comprometidos a atingir a meta no período determinado.

Estou certo de que você já deve ter ouvido alguma dessas frases ou se deparado com situações parecidas, mas depois deste livro você certamente estará muito mais preparado para enfrentar os problemas e achar boas soluções sem criar grandes conflitos e sem perder a razão. Mais do que um conjunto de técnicas ou uma receita a ser seguida, este livro é um divisor de águas que conduzirá sua navegação para o sucesso.

Nesse capítulo, você adquiriu os seguintes conhecimentos:

- ❖ A mudança fundamental e mais difícil de ocorrer é o MINDSET
- ❖ Ao transmitir a atividade, é necessário evidenciar sua importância ao executor
- ❖ A comunicação assertiva é fundamental para a utilização correta das ferramentas Lean

- ❖ Resolver os problemas pequenos poupa tempo e recursos
- ❖ Deve-se ter empatia e estar apto a solucionar o problema do outro (Daniel Goleman)
- ❖ Engajar cada membro da equipe deve ser um objetivo

No próximo capítulo, você irá conhecer os benefícios da Inteligência Emocional.

Capítulo 3. Inteligência Emocional

"A Inteligência Emocional pode trazer benefícios à sua carreira profissional e à sua empresa, melhorando rendimento, produtividade e comportamento". (Shutterstock).

As primeiras citações ocorreram em 1990 num artigo publicado no meio acadêmico e pertenciam a Peter Salovey, professor na Universidade de Yale na época, e John D. Mayer, aluno de pós-doutorado na Universidade de Stanford. Segundo eles, "Inteligência Emocional é a capacidade de raciocinar em cima de informações emocionais de maneira a se adaptar melhor aos eventos que acontecem em nossa vida" (Salovey e Mayer).

Juntos, eles propuseram uma subdivisão de quatro capacidades do ser humano. São elas:

- **Percepção Emocional**: capacidade de perceber, de maneira correta, as próprias emoções e as emoções dos outros.
- **Facilitação Emocional**: capacidade de gerar um estado emocional em benefício próprio, seja através de uma música, filme ou algum outro artifício.
- **Compreensão Emocional**: capacidade de identificar e nomear as emoções sentidas.

- **Gerenciamento Emocional**: capacidade de usar as 3 anteriores juntas e adaptá-las da melhor maneira possível para se relacionar com os outros.

Já Daniel Goleman — considerado a pai da Inteligência Emocional e autor do livro de mesmo nome — apesar de citar a proposta de Salovey e Mayer em sua publicação de 1995, apresenta cinco domínios:

- **Domínio das Próprias Emoções**: capacidade de reconhecer e controlar um sentimento.
- **Lidar com Emoções**: capacidade de lidar com os sentimentos, descartando as emoções negativas.
- **Motivar-se**: capacidade de direcionar suas emoções para atingir uma meta, desenvolvendo a automotivação.
- **Reconhecer Emoções nos Outros**: capacidade de reconhecer os sinais que exprimem o que o outro quer ou deseja.
- **Lidar com Relacionamentos**: capacidade de lidar com as próprias emoções e com as dos outros, facilitando o trabalho em equipe.

Salovey e Mayer são mais aceitos no campo científico porque atribuem a Inteligência Emocional apenas à capacidade cognitiva e sua teoria possui bases acadêmicas muito fortes. Goleman, por outro lado, inclui também as capacidades motivacionais e aspectos de personalidade em sua tese, não havendo comprovação científica.

Uma pessoa que possui Inteligência Emocional não deixa de sentir raiva, alegria ou tristeza, ela apenas consegue administrar os gatilhos responsáveis por disparar cada um desses sentimentos. Funciona assim: se você sabe que ficar parado no trânsito pode gerar raiva, evite os horários de pico e, caso não seja possível, tenha no carro músicas calmas, água, balas e outros meios de relaxamento.

Nosso cérebro reage automaticamente a cada emoção sentida pelo nosso corpo; quando sentimos afeto a produção de ocitocina dispara e quando sentimos felicidade os níveis de dopamina se elevam. Esses são aos hormônios que combatem o cortisol e a adrenalina gerados pelo estresse, medo e raiva, por isso as dicas do que levar no carro são importantes. É assim que administramos nossos sentimentos, tendo o antídoto hormonal para o que nos faz mal.

Grande parte das doenças com fundo emocional são decorrentes do estresse, inclusive a Síndrome de Burnout. Mas por que isso acontece? A resposta é simples: o excesso de cortisol e adrenalina levam ao esgotamento físico ao mesmo tempo que funcionam como um estímulo para nosso cérebro, aumentando nossas funções cognitivas. Podemos comparar esses hormônios ao turbo do carro: quando controlado e usado de maneira moderada, aumenta a potência e melhora o desempenho do veículo, mas se colocarmos muita pressão, ele acaba gerando um desgaste prematuro e pode danificar o motor.

Agora você precisa equilibrar essa gangorra de emoções, pois todos os caminhos começam pelo seu autoconhecimento. É muito importante saber qual o seu propósito de vida e, para isso, você pode começar respondendo à pergunta: por que eu mereço estar vivo? Com certeza não é apenas para trabalhar, comer e dormir. Você está vivendo desta forma? Não precisa tomar nenhuma atitude drástica, ajuste a sua rota com calma, avalie se as suas atividades se relacionam com a sua razão de existir. Pode levar algum tempo e dar trabalho, mas vale a pena viver a plenitude de vida e ser realmente feliz.

Outra excelente prática que pode ajudar nesse processo é a meditação, que nada mais é do que ficar algum tempo com total atenção apenas na sua respiração. Essa atividade não possui qualquer conotação religiosa, é apenas uma grande viagem para dentro de você mesmo que vai auxiliá-lo na busca pelo autoconhecimento, além de melhorar a qualidade de seu sono, diminuir a ansiedade e o estresse.

Quando você iniciar o seu processo meditativo haverá alguma dificuldade, pois vários pensamentos irão passar pela cabeça, mas tente não brigar com você mesmo e apenas deixe ir, retornando para sua respiração. Pode usar uma música tranquila para evitar os ruídos externos ou ainda recorrer à meditação guiada, caso queira tornar esse processo mais assertivo e com um objetivo de benefício definido. Isso pode facilitar o início da prática e a percepção das suas melhorias.

Pois bem, está na hora de você construir um MINDSET vencedor e, para isso, vamos usar os valores da Winner's Alliance, que são:

- **Plenitude de vida**: quando sua atividade profissional está conectada com seu propósito de vida, ela passa a ser importante para o mundo. Se você é muito bom no que faz e ainda é bem remunerado, significa que você atingiu o seu IKIGAI.
- **Princípio de atleta completo**: ter a mente muito forte e determinada para vencer, dominar todas as técnicas necessárias para a luta e ter o corpo bem-preparado. Esse é o SHI-GUI-TAI.
- **Laços de união**: ferramenta que possibilita a construção de um ambiente de trabalho saudável e com confiança mútua. Aqui, você pode abrir o peito e falar de seus pontos fracos e fortes, pois sempre terá auxílio no que precisar. Esse é o KIZUNA.
- **Senso de crise**: quando olhamos para o passado, vemos que as crises são cíclicas como uma senoide, sempre vai surgir uma. Nunca sabemos seu tamanho nem exatamente quando virá, mas você deve estar preparado, continuar seu aprendizado, melhorar os processos, reduzir os custos e construir uma reserva financeira. Esse é o KIKIKAN.

Nesse capítulo, você adquiriu os seguintes conhecimentos:

- ❖ O que é e como foram as primeiras citações sobre Inteligência Emocional
- ❖ Como lidar com os gatilhos emocionais para administrar as emoções
- ❖ Emoções que podem gerar doenças e como evitá-las
- ❖ Como utilizar o autoconhecimento e o propósito de vida para equilibrar as emoções
- ❖ O caminho para o equilíbrio através da meditação
- ❖ Construção do MINDSET forte com IKIGAI, SHI-GUI-TAI, KIKIKAN e KIZUNA

No próximo capítulo, você irá aprender a dominar todas as técnicas Lean.

Capítulo 4. Técnicas Lean

As TÉCNICAS LEAN são o conjunto de estratégias utilizadas para a obtenção de resultados expressivos. Com o uso dessas ferramentas, você poderá construir a sua CREDIBILIDADE e continuar progredindo, assumindo projetos de maior responsabilidade até atingir os seus objetivos, ou seja, até alcançar os seu SONHADO SUCESSO.

Imagino que você esteja ansioso para aprender logo essas técnicas e usufruir o mais rápido possível desses resultados, mas tenha paciência. Você deve dominar cada um dos aspectos apresentados para que possa desviar das várias armadilhas espalhadas pelo caminho. Tenho certeza de que valerá a pena, pois você conseguirá agir de forma mais assertiva, sem erros que podem custar a perda de credibilidade e sem grandes atrasos em sua vida pessoal e profissional.

Para tal, peço que você utilize, a partir de agora, a técnica do COPO VAZIO. Não importa se você não sabe nada (COPO VAZIO) ou se sabe muito (COPO CHEIO), tente esvaziar o seu copo, aja como um iniciante sem experiência, esteja disposto a aprender e assimilar novos conceitos. Também peço que você, neste processo de encher o copo, não tente fazer comparações com o que já sabe ou o que já viveu, esteja aberto a ver, ouvir e experimentar sem ficar comparando, julgando ou imaginando as dificuldades que poderá enfrentar, não se baseie em suas antigas falhas, desconsidere as crenças limitantes.

Outro ponto importante é evitar as armadilhas mais básicas, pois precisamos, a partir de agora, do avançado e do inovador. Se o básico for bem-feito e os fundamentos bem implantados, com certeza a CREDIBILIDADE e os RESULTADOS serão DURADOUROS.

Você com certeza conhece alguém que já teve o desprazer de ver um ótimo resultado indo por água abaixo. Para evitar que isso aconteça, vamos falar das principais partes da sistemática Lean.

Você já deve ter sido apresentado à famosa casa do TPS/LEAN (veja a figura abaixo).

Essa é a forma mais simples de mostrar a essência do SISTEMA TOYOTA DE PRODUÇÃO, e se você já teve contato mais profundo com esse método, deve ter encontrado mais de 50 palavras relacionadas à sistemática. Neste livro, vamos citar ou falar de muitas delas para que você entenda o significado de cada uma e para que saiba seu papel na prática.

O TPS/LEAN é geralmente associado à indústria, mas hoje, com o mundo mais amadurecido, vem sendo aplicado em todos os setores econômicos. Também é muito associado com o trabalho técnico de engenheiros ou administradores e COM CERTEZA É UM CONHECIMENTO

ESSENCIAL QUE DEVE SER APLICADO EM TODOS OS LUGARES sempre que houver a necessidade de progresso/desenvolvimento.

Esses conceitos deveriam fazer parte da formação básica das pessoas de Humanas, Biomédicas e Exatas que trabalham de forma autônoma, em empresas ou qualquer área de atuação, seja na indústria, comércio, serviços, agricultura, etc. **Trata-se de um sistema de GESTÃO e KAIZEN para a evolução e melhora de processo.**

Os processos estão em todos os lugares, até mesmo a nossa vida é um processo gradativo. Portanto, dominar esta sistemática será útil para seu desenvolvimento pessoal ou profissional.

Vamos entender a inter-relação dos capítulos 3,4 e 5 fazendo uma analogia com o ser humano: o capítulo 3 trata de seu espírito e vontade (propósito), o capítulo 4 trata de como se fundamenta o seu corpo (ou seja, equivale ao seu esqueleto) e o capítulo 5 trata dos músculos que você precisará para agir. Ou seja, só um ser humano completo é capaz de tornar realidade aquilo que se propôs a fazer.

Em sua jornada, busque sempre ter os três aspectos no mais alto nível e não se esqueça de ir melhorando cada um deles de maneira interativa, ou seja, desenvolvendo o seu lado emocional e os fundamentos de trabalho de forma equilibrada. Desta maneira, você conseguirá FORTALECER o SEU CORPO para alcançar o tão almejado SUCESSO.

Nesse capítulo, você adquiriu os seguintes conhecimentos:

- ❖ As técnicas Lean constroem sua credibilidade abrindo caminho para o SUCESSO.
- ❖ Ter sempre o COPO VAZIO para assimilar o máximo de conhecimento que está ao seu redor.
- ❖ Técnicas Lean são um sistema de GESTÃO e KAIZEN com foco no desenvolvimento de pessoas, empresas e da sociedade.
- ❖ LEAN se aplica em qualquer lugar em que haja algum processo.
- ❖ O LEAN EMOCIONAL é completo, assim como todo SER HUMANO VENCEDOR.

No próximo subcapítulo, você aprendera o propósito das técnicas Lean.

4.1. Entendendo o propósito da sistemática Lean

A Toyota é uma das marcas mais famosas do mundo, sendo conhecida pelo seu sucesso e por seus resultados. Ela tornou-se referência com o desenvolvimento do Sistema Toyota de Produção, a sistemática Lean de que tanto falamos aqui. Muitas empresas, percebendo os fantásticos resultados de tal método, tentaram seguir pelo mesmo caminho e implantaram as ferramentas Lean, mas sem grande sucesso.

Em meados de 2005, em uma reunião, o nosso diretor na Toyota disse: "O mundo todo está tentando IMITAR o Sistema Toyota da Produção, mas a maioria não consegue. Por que será?". Pensativo, abaixou a cabeça e, depois de alguns segundos, ele mesmo respondeu: "Falta ESPÍRITO".

Na época, não conseguimos entender a profundidade dessa resposta, mas hoje, mais amadurecidos, entendemos o que ele quis dizer: IMITAR a Técnica (sistemática) é completamente diferente de **entender e ter o propósito claro de resolver os problemas do cliente**.

A satisfação do cliente só é possível se trabalharmos com uma técnica apurada (esqueleto forte) e com um sistema de desenvolvimento de pessoas e de atividades (a fim de fortalecer os músculos), tudo isso de forma a gerar resultados EXPRESSIVOS e DURADOUROS.

A SATISFAÇÃO DO CLIENTE é o primeiro valor do Lean e surgiu no século XIX, quando o fundador da TOYOTA, Senhor Sakichi Toyoda, criou um tear de madeira muitíssimo melhor que o existente na época. Ele não pensou na sistemática Lean ou na Melhoria Contínua, mas pensou em minimizar o sofrimento de sua mãe, que trabalhava arduamente com uma máquina rudimentar. Para o seu primeiro cliente, a proposta era "SOFRER MENOS E PODER FAZER MAIS E MELHOR".

Naquela época, o Japão não era industrializado e não existia a Melhoria Contínua, ou seja, não existia nada que o mundo quisesse imitar. Mesmo assim, ele fez o tear melhorado e muitos outros aperfeiçoamentos, suas máquinas foram as melhores do mundo e a história segue até os dias de hoje. Agora, temos a sistemática completa com JIT, KANBAN, JIDOKA, trabalho padronizado e muitos outros tópicos formalizados após os anos 1950, itens que todos tentam copiar/imitar. Porém, ressaltamos novamente: copiar a sistemática não é o suficiente, "tem que ter ESPIRÍTO!".

Todos tentam implementar a sistemática Lean, mas a maioria prioriza a implantação das ferramentas. Contudo, o ideal seria focar no propósito (valor principal), que é ser capaz de gerar mais SATISFAÇÃO AO CLIENTE. Ou seja, para subir ao nível desejado, é preciso **resolver os problemas que nos impedem de entregar mais valor/satisfação ao consumidor.** (veja a figura abaixo). Copiar a sistemática significa esquecer de seu objetivo.

Entenda por cliente: você (sim, você também é cliente), todos que se relacionam com você (parentes, amigos, colegas de trabalho), seus clientes diretos (se você é autônomo), seus clientes internos (se você trabalha em alguma organização/empresa) e o seu cliente final.

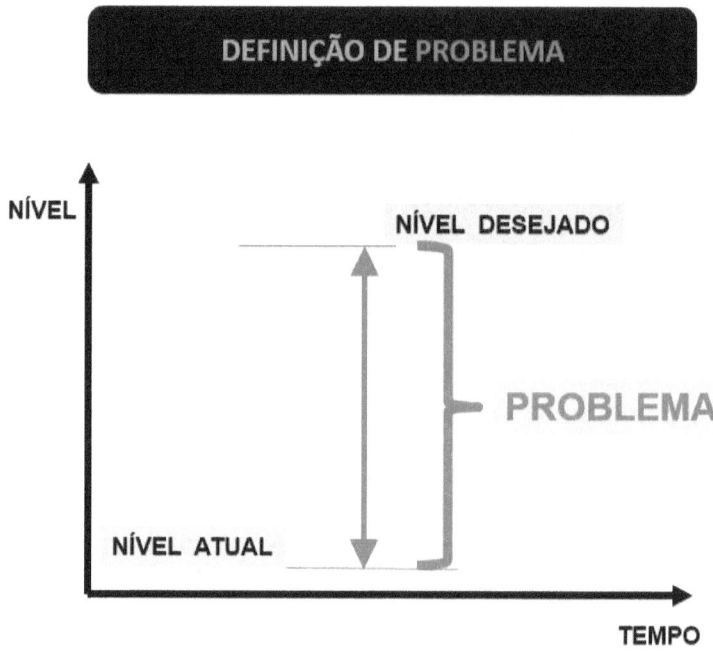

O PROPÓSITO da WINNER´S ALLIANCE é ajudar pessoas e empresas a terem RESULTADOS EXPRESSIVOS E DURADOUROS através do uso das **TÉCNICAS LEAN** para **SATISFAZER TODAS AS NECESSIDADES DO SEU CLIENTE (RESOLVER PROBLEMAS).** Isso tudo resultará no tão sonhado **SUCESSO.**

Para que o nosso propósito se torne realidade, estamos metodicamente apresentando as partes da sistemática e explicando como elas funcionam. Queremos que você entenda e não que seja refém de receitas prontas, pois estamos comprometidos com o seu sucesso. E você, está comprometido?

No capítulo 2, vimos vários problemas que impedem as implementações de ferramentas Lean. Quantas delas você já viu? Já ouviu falar de alguma? Com certeza, a falta de entendimento do propósito é determinante para muitos fracassos, por isso temos que evitar a todo custo o "tentar copiar". É importante que você comece entendendo as necessidades de sua empresa e definindo o que precisa ser feito para, então, resolver todos os problemas que te impedem de atingir os seus objetivos.

Não é possível atender às suas necessidades sem compreender a Inteligência Emocional, dominar as técnicas Lean e ter organização profissional.

Ao longo deste 4º capítulo, vamos continuar a falar sobre o que deve ser melhorado.

Nesse subcapítulo, você adquiriu os seguintes conhecimentos:

- ❖ Usar o Lean com PROPÓSITO e priorizar a SATISFAÇÃO DO CLIENTE.
- ❖ Aumentar a sua credibilidade por meio da resolução de problemas para satisfazer o CLIENTE.

No próximo subcapítulo, você entenderá como aumentar sua credibilidade e sua capacidade de inovação por meio da resolução de problemas.

4.2. Credibilidade e inovação: resolvendo problemas

Aumente sua CREDIBILIDADE resolvendo problemas, ou seja, sendo eficiente. Use esta eficiência até conseguir inovar e garantir o seu SUCESSO.

Como vimos no subcapítulo 4.1, eliminar o GAP entre um nível e outro é resolver problemas e melhorar a satisfação do cliente. Fazer isso aumenta sua credibilidade, abrindo caminho para novos desafios, novos projetos, novos aprendizados e muito mais resultados.

O seu SUCESSO depende da construção da sua CREDIBILIDADE, mas é importante entender que quem define se você realmente tem essa qualidade não é você, e sim as pessoas com as quais você já se relacionou direta ou indiretamente. Elas julgam a sua sinceridade e boas intenções, julgam se você trouxe algum benefício para o dia a dia, se você ajudou a resolver um problema, às vezes até usam o julgamento de outras pessoas que testemunharam a seu favor para criar o pré-julgamento delas. Portanto, é preciso fazer algo realmente importante para a pessoa que te julgará, ou seja, deve-se entregar algo de valor (satisfazer o cliente).

Para progredir, é necessário aumentar a credibilidade entregando valor.

Para entregar valor, você precisa evoluir (Melhoria Contínua).

Evoluir significa ser melhor que antes, mas o que precisamos fazer para evoluir? Sair do nível atual e ir para um nível melhor, ou seja, resolver todos os problemas que nos impedem de estar no nível desejado.

No próximo tópico, você entenderá como encontrar estes problemas — os inimigos da performance — e como definir as contramedidas, priorizando as atividades para atingir um nível mais elevado.

Primeiro passo: entenda os tipos de problemas que irá enfrentar.

Como visto acima, o sucesso depende da construção de sua credibilidade e da resolução de problemas, por isso é importante entender que a sua postura é o que define o seu futuro. Quem enfrenta e resolve problemas será sempre bem-vindo. Quem não resolve problemas pode ficar estagnado. Quem causa problemas precisa acordar antes que seja tarde.

Devemos enxergar esses problemas e resolvê-los da melhor maneira possível, sempre pensando na eficiência do processo. Abaixo, temos a definição dos 3 tipos de problemas:

1. **Problema Visível**: são os problemas que já estão aparentes.
2. **Problema Latente**: são os problemas ocultos com alto potencial de gerar muitos transtornos.
3. **Problema Criado**: são os problemas que passaram a existir por sua/nossa decisão.

O primeiro é o que conseguimos ver, o de fácil identificação. Se você não for capaz de resolvê-lo, ele continuará causando transtornos até que seja completamente eliminado.

O segundo talvez não esteja tão visível. Isso acontece porque não procuramos ativamente por ele ou porque não estávamos preparados para enxergá-lo.

Já o terceiro é o que nós mesmos criamos. Por exemplo, hoje temos capacidade de produzir 100 peças por hora consistentemente (este é o limite de nossa capacidade, é o que sempre somos capazes de fazer quando solicitado). Se estabelecermos a necessidade de produzir 150 peças por hora, criamos um problema, no caso o aumento da capacidade que já era máxima.

Segundo passo: ser eficiente na resolução de problemas para ter energia suficiente para buscar a inovação e ter SUCESSO (duradouro).

Quando se define o problema criado, há duas situações:

Situação 1: Você é REATIVO quando percebe que o seu concorrente é capaz de fazer mais do que a sua empresa, o que te leva a tentar melhorar para não ficar para trás.

Situação 2: Você é PROATIVO e cria metas arrojadas para ser a referência do mercado, usufruindo da vantagem competitiva. Entenda que essa vantagem deve levar à sua melhoria, não à sabotagem do concorrente; fazer isso impede o seu desenvolvimento e o de quem está à sua volta.

Tenha a consciência de que você deve ser PROATIVO, pois o mundo que está fora do seu alcance com grande certeza continuará progredindo. Não caia na armadilha de ficar na zona de conforto e depois constatar que está em séria desvantagem competitiva.

O sucesso da TOYOTA se deve ao fato de que a empresa sempre busca ser competitiva PROATIVAMENTE, criando problemas e mobilizando toda a equipe para gerar os resultados necessários. Deve-se usufruir de todos os benefícios para conseguir o engajamento necessário, aumentando a eficiência e tendo energia suficiente para buscar a inovação.

A postura recomendada na busca pela inovação é aquela que permite a antecipação da necessidade do cliente antes mesmo que ele perceba. Você deve fazer isso tendo uma visão de longo prazo, sendo criativo e buscando novos desafios.

Por meio da inovação, você vai aumentar a sua credibilidade e fidelizar o cliente, pois ele vai entender que a empresa realmente se preocupa em SURPREENDÊ-LO cada vez mais. Porém, não confunda inovação com o abandono do que se faz hoje, pelo contrário, é melhor ter uma base e fundamentos a serem seguidos. A ideia básica é sempre somar e isso só é possível através da busca pela eficiência, pois ela é uma necessidade estratégica.

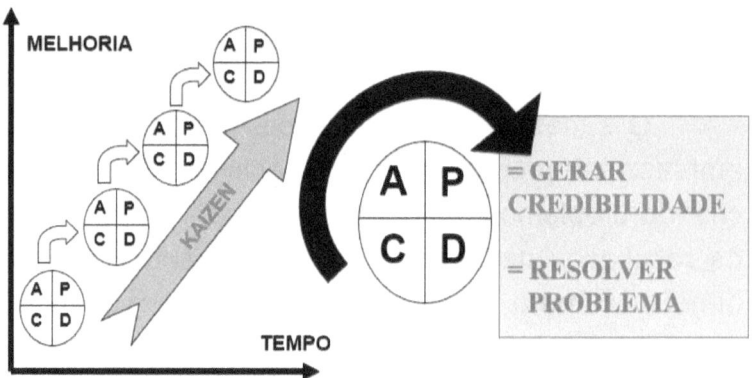

Nesse subcapítulo, você adquiriu os seguintes conhecimentos:

❖ A sistemática Lean é um meio para a satisfação do cliente
❖ Deve-se entregar valor para alcançar o SUCESSO
❖ Quem julga sua credibilidade é seu cliente
❖ Resolva os problemas visíveis e seja inovador para surpreender seu cliente
❖ Os conhecimentos obtidos formam a base para a inovação

No próximo subcapítulo, você irá aprender os fundamentos da sistemática Lean.

4.3. Fundamentos da sistemática LEAN: CONSTRUIR CREDIBILIDADE com gestão PDCA.

Você definiu o desnível que precisa ser vencido e tem um problema para resolver. Se ele for solucionado, sua CREDIBILIDADE aumentará e você estará mais próximo do SUCESSO, caso contrário haverá um atraso e você se afastará de seus objetivos.

Vamos usar uma situação hipotética: seu cliente precisa de 10 pirarucus (peixe amazônico) em 30 dias. Parece tranquilo, né? A partir daí, você pode viver dois cenários:

Cenário 1. Mais frequente e não recomendado

Você está altamente motivado. Mais que depressa, vai ao rio em que está acostumado a pescar tilápias com todo seu aparato de pescaria e trabalha arduamente... depois de 29 dias, o seu cliente liga e diz: "Desculpe estar incomodando, mas você já terminou a pescaria?".

Você responde que ainda está pescando e diz todo empolgado: "Esta pescaria está indo muito bem. Ela tem sido bem desafiadora, mas foi a melhor que fiz até hoje. Tenho feito vários testes e melhorias nas minhas técnicas, tanto que já pesquei 30 tilápias, 20 dourados e 3 bagres". Você está orgulhoso do resultado fantástico e imagina que o cliente vai se impressionar com tamanho esforço e sucesso.

Porém, recebe a seguinte resposta: "Não me interessam todos estes peixes, só preciso dos 10

PIRARUCUS. Como não tive notícias suas desde a encomenda, resolvi ligar para confirmar que estou aguardando os 10 PIRARUCUS, pois semana que vem este será o prato principal do casamento de minha filha. Pelo amor de Deus, entregue os 10 PIRARUCUS AMANHÃ". Você engole em seco, pois nestes 29 dias não pescou nenhum pirarucu e é impossível fazer tudo em um dia só. Não é difícil de imaginar a conclusão desta pescaria: se não ocorrer um milagre, foi um fracasso.

Isso acontece porque não houve planejamento, você apenas saiu fazendo, foi tudo por tentativa e erro, não houve preocupação verdadeira com a necessidade do cliente. Mesmo com as fantásticas melhorias ocorridas, o resultado foi o seu FRACASSO. Você acha que este cliente continuará confiando em você?

Nas empresas, há sempre os que pescam apenas o que desejam e os que pescam qualquer coisa (para estes, o importante é mostrar serviço), ou seja, a maioria não se preocupa com o que realmente precisa ser feito. Este cenário é o contrário do que se faz para satisfazer a necessidade do cliente, é uma SITUAÇÃO DE DESALINHAMENTO DE EXPECTATIVAS. Se você não entendeu a necessidade do cliente, o seu melhor pode acabar não atendendo às expectativas criadas. Isto pode gerar conflitos e acabar com a sua CREDIBILIDADE.

Cenário 2. Pouco comum e ALTAMENTE RECOMENDADO

Você aplica a gestão PDCA (PLAN, DO, CHECK, ACTION) para construir sua CREDIBILIDADE.

Plan: Planejamento profissional. Significa investigar, pensar, determinar ações, definir os recursos necessários (pessoas capacitadas, equipamentos, conhecimentos, método de trabalho etc.). É a preparação necessária para atingir o resultado desejado.

Do: Fazer tudo conforme planejado.

Check: Monitorar, comparar PLANO X REAL com a frequência necessária para poder definir ações auxiliares caso seja preciso. Fazer reporte do andamento.

Action: Se houver discrepância, ou seja, se o REAL for menor ou maior que o PLANO, fazer ações adicionais (PDCA adicional) para garantir o resultado necessário.

Vamos agora à pescaria, com PDCA PROFISSIONAL, dos 10 pirarucus.

"Olá, senhor cliente. Primeiramente, obrigado por confiar a mim a pescaria dos 10 pirarucus. Confesso que estou acostumado a pescar tilápias, mas farei o possível para atender ao seu pedido e para que a sua filha tenha as melhores lembranças de sua festa de casamento. Tive que estudar muito para entender como garantir os 10 PIRARUCUS com a qualidade requerida e no prazo necessário. Pode ficar tranquilo! Inclusive, consultei a Associação de Pescadores de Pirarucu da Amazônia.

Planejei tudo para ir a essa pescaria. Pesquisei a logística para ir ao Rio Negro e pretendo pescar 1 peixe por dia com isca artificial e barco com motor elétrico para não assustar os peixes. Irei 15 dias antes do prazo final; serão 2 dias para ir, 10 dias de pescaria, 1 dia para recuperar eventuais atrasos, 2 dias para voltar.

Enviarei mensagens diariamente para avisá-lo sobre o andamento da pescaria.

Mensagem 1: dia D15 — Conforme planejado, saindo para viagem.

Mensagem 2: dia D13, manhã — Indo pescar.

Mensagem 3: dia D13, final do dia — Não pesquei nenhum hoje, faltam 10, troquei de isca.

Mensagem 4: dia D12, final do dia — Pesquei 1, faltam 9 (1 em atraso).

Mensagem 5: dia D11, final do dia — Pesquei 1, faltam 8 (1 em atraso).

Mensagem 6: dia D10, final do dia — Não pesquei nenhum, faltam 8 (2 em atraso), amanhã subirei 100km do rio.

Mensagem 7: dia D9, final do dia — Pesquei 1, faltam 7 (2 em atraso).

Mensagem 8: dia D8, final do dia — Pesquei 1, faltam 6. Chamei um amigo que chegará em 2 dias para ajudar a recuperar o atraso (2 em atraso).

Mensagem 9: dia D7, final do dia — Não pesquei nenhum, faltam 6 (3 em atraso).

Mensagem 10: dia D6, final do dia — Pesquei 1, faltam 5 (3 em atraso).

Mensagem 11: dia D5, final do dia — Pescamos 2, faltam 3 (2 em atraso).

Mensagem 12: dia D4, final do dia — Pescamos 2, falta 1 (1 em atraso).

Mensagem 13: dia D3, final do dia — Pescamos 1. Pescaria concluída.

Mensagem 14: dia D2 — Voltando para fazer a entrega.

Mensagem 15: dia D1 — Cheguei para entregar os 10 pirarucus.

Neste cenário, você planejou, fez tudo o que precisava, agiu para garantir o resultado, reportou o andamento, entregou o que foi acordado e criou um relacionamento de confiança com o cliente, ou seja, construiu sua credibilidade.

Observação: mesmo tendo um plano, seguindo a sistemática e tendo resultados, é fundamental reportar o avanço para que o cliente perceba suas ações. Reportar bem e mostrar tudo que está fazendo pode te salvar numa situação difícil, pois fica mais fácil pedir ajuda. Se você não reportou nada, as dificuldades causarão surpresa e você ainda pode ser acusado de ter ocultado a real situação que estava inviabilizando o resultado.

"Se faltar 1 centavo para a tarifa do ônibus, você não conseguirá embarcar". Na gestão PDCA profissional, o reporte bem-feito é o centavo que permitirá a consolidação da sua credibilidade.

Nesse subcapítulo, você adquiriu os seguintes conhecimentos:

- ❖ Fazer sem planejar não garante resultados, mesmo com melhorias pelo caminho.
- ❖ Planejamento com PDCA profissional resolve problemas e ajuda a cumprir metas.
- ❖ Reportar e focar no RESULTADO é fundamental para construir a sua CREDIBILIDADE.

No próximo subcapítulo, você aprenderá os tipos de Kaizen e quais são os inimigos da performance.

4.4. Fundamentos da sistemática Lean: os inimigos da boa performance (MURI, MURA, MUDA).

Como visto na figura do subcapítulo 4.2, Kaizen significa ir do nível atual para o próximo nível desejado (melhor que o anterior). Ou seja, fazer Kaizen é ELIMINAR O PROBLEMA (GAP, HIATO) e continuar subindo ao próximo nível, depois ao próximo e assim sucessivamente (Melhoria Contínua).

Temos certeza de que, quando você entender este subcapítulo, perceberá uma gigantesca transformação na sua vida e seguirá rumo ao SUCESSO. Este é um dos pontos importantes da sua jornada.

Nossos alunos dizem: "Depois que vocês me ensinaram a enxergar, a minha vida ficou muito mais fácil". ENXERGAR é um dos passos cruciais.

Na experiência da WINNER'S ALLIANCE, durante nossos trabalhos e treinamentos, notamos que a maioria das pessoas tem dificuldade de ENXERGAR. Muitos problemas sérios estão invisíveis aos seus olhos, já se tornaram parte da paisagem.

Certa vez, na apresentação dos resultados de Kaizen em nossa consultoria, um ESPECIALISTA LEAN deu o seguinte depoimento. "Esta semana foi transformadora. Nós entendemos que estávamos usando uma BAZUCA (armamento pesado) para matar FORMIGAS (problemas de relevância baixa), e percebemos que os ELEFANTES e DINOSSAUROS estavam invisíveis aos nossos olhos. Para nossa surpresa, agora ENXERGAMOS todos eles e descobrimos que é muito mais fácil tirá-los da nossa frente". Ou seja, muitos problemas grandes podem ter soluções simples.

Você deve enxergar os problemas que te impedem de atingir o nível necessário. Cada desnível precisa ser eliminado e, para que isso aconteça, é preciso levantar hipóteses, confirmar essas hipóteses, pensar em como resolver os problemas e através de quais ações isso deve ser feito. Depois, é preciso avaliar o potencial dos resultados (de cada item levantado), definir os recursos necessários para atingir seu objetivo, criar um plano de ação, aprovar esse plano, fazer o acompanhamento da implementação, confirmar os resultados e FINALMENTE festejar.

Para cada problema que aparecer, você deverá repetir a sequência descrita no parágrafo anterior. A repetição sistemática desse processo vai nos levar ao nível desejado, depois ao próximo e aos demais. É a famosa MELHORIA CONTÍNUA (KAIZEN) e todos podem usufruir de seus benefícios fantásticos.

Você terá ótimos resultados se conseguir enxergar e definir as soluções a partir disso, mas a verdade é que existe uma QUANTIDADE GIGANTESCA DE RESULTADOS que infelizmente não vão se tornar realidade. Isso acontece porque você não foi orientado sobre COMO ENXERGAR.

A definição do que você procura será determinante para a resolução de problemas, pois cada um deles pode ser um MURI, um MURA ou um MUDA, que são como FILTROS ou LENTES que nos ajudam a enxergar o necessário. Se você não tiver a lente correta, o problema será invisível para você (PROBLEMA LATENTE).

Além disso, se a sua capacidade de enxergar for limitada, isso pode prejudicar muito os seus resultados, trazendo ainda mais dificuldades. Lembre-se de que precisamos ser capazes de enxergar um conjunto de oportunidades maior que o desnível que se pretende eliminar.

Em algum momento precisaremos matar as formigas, mas para ter CREDIBILIDADE/SUCESSO devemos, primeiro, atacar os DINOSSAUROS e os ELEFANTES.

Porém, alguns itens definidos como ações podem não gerar o resultado esperado, levando à perda de credibilidade. Se você não ENXERGAR o suficiente, pode acabar entrando em desespero e fazendo apenas o que te mandaram fazer.

Por exemplo, você já achou que estava sendo massacrado ou injustiçado na sua empresa? Isso provavelmente aconteceu porque você tinha uma capacidade muito limitada de enxergar.

Se você já viveu na base da tentativa e erro (sem método) ou fez o trabalho partindo de suposições infundadas, deve saber o que é frustação, desânimo e estresse. Imagino até que tenha pensado em desistir depois de algum tempo.

Pois bem, confesso que já passamos por isso e é terrível, mas vamos mudar este jogo a partir de AGORA.

Enxergando pelas lentes da definição clássica dos 3MU´s

MURI: "sobrecarga" nos equipamentos, problemas de ergonomia

MURA: "variação", "não uniformidade", em geral relacionado à qualidade

MUDA: "desperdícios" que devem ser eliminados

Você está vivendo a situação de ser cobrado ou está se autocobrando para eliminar desperdícios? Quantas vezes, no processo de fazer Kaizen, você procurou problemas de sobrecarga das máquinas? Já sabe quais são as variações de qualidade do seu produto?

Aqui, fazemos um alerta: sua capacidade de enxergar e entregar valor (resolver problemas) está muito limitada.

Talvez você esteja no meio de um arsenal de bombas (problemas sérios, problemas LATENTES) prestes a explodir e arruinar o resultado do seu trabalho. Nesse caso, enxergar melhor significa ter condições de desarmar essas bombas antes que seja tarde.

Recomendamos que você comece a procurar os problemas imediatamente. Se isso não acontecer, existe grande chance de VOCÊ se tornar um problema para si mesmo e para os que estão à sua volta.

Precisamos procurar, enxergar e resolver para, assim, evitar o FRACASSO.

Se você realmente quer progredir e alcançar o SUCESSO, aproveite essa oportunidade de enxergar muito mais que a definição clássica dos 3MU's.

Definição WINNER`S ALLIANCE dos 3MU´s (visão ampliada)

MURI: condição insuficiente, inadequada

MURA: condição de incerteza

MUDA: 7 desperdícios que devem ser eliminados

RESOLVER PROBLEMAS = ELIMINAR 3MU's

ELIMINAR
" 3MU RELEITURA "
MURI – MURA – MUDA
[Condição Insuficiente– Incerteza – Desperdício]

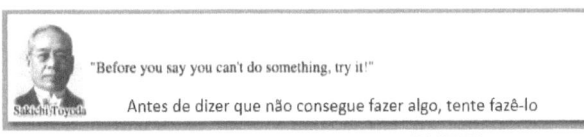

"Before you say you can't do something, try it!"
Antes de dizer que não consegue fazer algo, tente fazê-lo
Sakichi Toyoda - Fundador do grupo TOYOTA.

Esta interpretação não invalida a anterior, é só uma ampliação do nosso CAMPO DE OBSERVAÇÃO para que possamos encontrar mais facilmente todo os problemas relevantes. Sentimos a necessidade de expandir tais conceitos pois consideramos que a leitura clássica não permite a resolução de todos os itens que julgamos importantes.

A falta desta visão ampliada é uma das causas do fracasso nas implementações de ferramentas Lean. Se algo importante não é ENXERGADO, não será declarado como problema e, portanto, não poderá ser resolvido.

Para ficar mais fácil de lembrar: MURI= dinossauro, **MURA = elefante, MUDA = formiga.**

MURI: se antes você procurava as sobrecargas dos equipamentos, agora deve buscar todas as condições de insuficiência. Isso pode ser feito respondendo às seguintes perguntas: Tenho conhecimento suficiente para estar no nível desejado? Temos os equipamentos adequados? Temos o método de trabalho adequado? Estamos todos engajados e comprometidos? A minha comunicação é assertiva?

Note que há uma necessidade de procurar elementos que, pela definição anterior, não estavam no radar dos filtros. Ou seja, há um universo gigantesco de oportunidades que não foram contempladas pelo conceito clássico de MURI.

Outros exemplos: o material é insuficiente para produção, há falta de instruções de trabalho, as máquinas não possuem a capacidade adequada, falta conhecimento dos parâmetros necessários para fabricação de boas peças.

MURA: se antes você procurava pela variação das medidas ou da velocidade de funcionamento, agora deve descobrir os fatores que causam incertezas. Por exemplo: você conhece as medidas/ especificações de uma boa peça, mas o seu instrumento de medição não foi calibrado, portanto não dá para ter certeza de que a leitura das medidas foi feita corretamente.

Outro exemplo: na última produção, você regulou seu processo e isso trouxe bons resultados. Porém, sem o registro dos parâmetros utilizados, você não vai conseguir reproduzi-los e, portanto, não terá certeza de quando os mesmos resultados serão obtidos.

Para diminuir o MURA, você precisa promover ações que aumentem ou garantam a CERTEZA DOS RESULTADOS. Por exemplo, o que gera incerteza em relação à sua segurança? "Se eu fizer tal coisa, pode haver um acidente, portanto é necessário buscar um treinamento e mudar minha conduta para ter CERTEZA de que estou seguro".

O MURI é o conhecimento limitado, uma condição insuficiente que pode gerar também MURA (incerteza do resultado). Ou seja, a falta de preparação pode ser a justificativa de muitos dos seus fracassos.

Além disso, a carência de Inteligência Emocional e a organização fraca também são MURI (condições insuficientes) e/ou MURA (incertezas).

Outro ponto importante: é comum que o Kaizen seja fortemente associado a resultados de CUSTO (eficiência/produtividade), mas não se deve deixar as outras performances importantes de lado em prol desse único fator.

O custo (C) é o resultado de um trabalho assertivo que envolve gestão (M: management), desenvolvimento de pessoas (H: human), segurança (S), qualidade (Q) e entrega (D: delivery). Nossa experiência nos mostrou que devemos seguir essa sequência de ação, tratada aqui com a sigla MHSQDC para facilitar o entendimento.

Nesse subcapítulo, você adquiriu os seguintes conhecimentos:

- ❖ Para ter sucesso, é preciso resolver problemas
- ❖ Interpretação Winner's Alliance sobre os 3MU's
- ❖ Devemos procurar os 3MU's que afetam a nossa performance

❖ Prioridade de eliminação dos 3MU's: MURI → MURA → MUDA

No próximo subcapítulo, você aprenderá os 2 tipos de Kaizen e a importância do acúmulo de conhecimento.

4.5. Fundamentos da sistemática Lean: tipos de KAIZEN e a importância do acúmulo de CONHECIMENTO

KAIZEN PARA MANTER

Você deve estar se perguntando: Kaizen não significa melhorar para subir até o nível desejado? Parabéns, você entendeu o conceito de Melhoria Contínua e aprendeu a resolver problemas.

Mas e se você não conseguir se manter no nível atual? E se o chão onde você pisa ficar tão mole ou liso a ponto de te fazer afundar ou escorregar? Como você pretende subir para um nível mais alto?

Quando você se estabeleceu no nível atual, tornou o chão mais sólido possível para não afundar? Você criou o melhor que pôde a partir de suas experiências e conhecimentos?

A partir deste ponto, certamente houve dias de sol e dias de chuva. Quando fez sol você ficou tranquilo e usou o senso de crise para fazer algo que te fortalecesse, ou seja, que evitasse a erosão com a chegada das chuvas. Isso quer dizer que você proativamente fez KAIZEN para manter o que já estava ali, e esse é um dos segredos das pessoas e empresas que tiveram SUCESSO na sua jornada Lean.

Esta é a postura para enfrentar problemas. Se ainda não choveu, faça tudo que puder para prevenir os possíveis danos, pois se o chão estiver barrento, você correrá o risco de afundar. Se isso acontecer, será preciso fazer uma reflexão profunda sobre o que faltou em sua estrutura para que aquilo fosse evitado e, em seguida, agir proativamente para garantir que o seu chão continue seco e bem sólido. A continuamente desse processo é o KAIZEN PARA MANTER.

Vamos entender qual a relação desse Kaizen com o MURI, MURA e MUDA através de alguns exemplos. Por ser mais fácil de entender, usaremos os tipos de manutenção (corretiva, preventiva e preditiva).

Exemplo de manutenção corretiva: você conserta alguns equipamentos quebrados e, para que sofra menos nas próximas corretivas, promove o treinamento de seus mecânicos com TROUBLESHOTING (método eficiente para identificar o problema do equipamento).

Depois, você passa a fazer manutenção diária, preventiva e preditiva. Para a que a mesma quebra não ocorra novamente, implementa-se um checklist de verificação diária, e para que as intervenções de manutenção tenham o melhor resultado, utiliza-se a preditiva com monitoramento de desgastes.

O importante, aqui, é entender a necessidade de usar o KAIZEN PARA MANTER, na sequência da nossa sugestão, o nível da GESTÃO, do desenvolvimento das

PESSOAS, da SEGURANÇA, da QUALIDADE, da ENTREGA e do CUSTO para alcançar a SATISFAÇÃO DO CLIENTE.

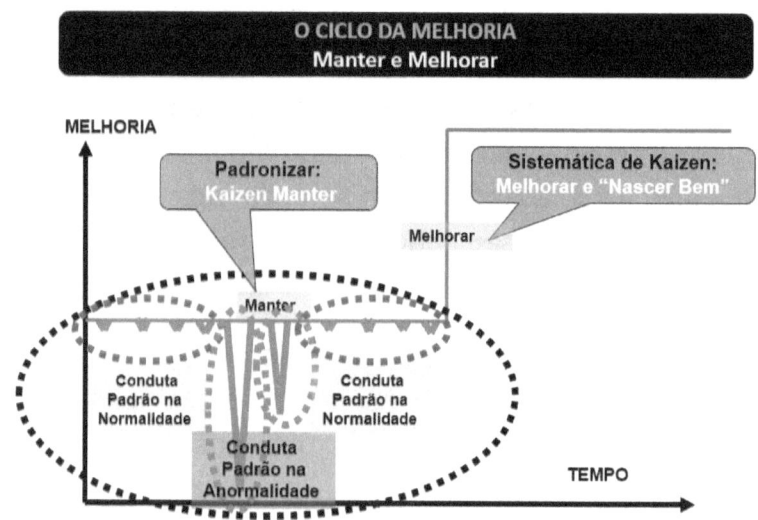

Você deve fazer o KAIZEN PARA MANTER com proatividade, tomando medidas preventivas e evitando que os problemas cresçam para garantir que haverá energia suficiente para fazer KAIZEN PARA MELHORAR. Ou seja, se você quer continuar a progredir, **precisará fazer muito bem o KAIZEN PARA MANTER antes de pensar no KAIZEN PARA MELHORAR.**

Dispender grande parte do seu tempo neste fundamento vai te deixar mais próximo do SUCESSO, mas lembre-se: o chão mole, liso ou barrento pode sugar a sua energia, e evitar que isso aconteça vai garantir que você tenha o ânimo necessário para MELHORAR.

Aplique isto em sua vida pessoal para atingir os seus objetivos e seguir em direção ao seus SONHOS.

Evitar a reincidência é poupar energia. Você deve trabalhar para que os problemas não aconteçam novamente, ou seja, deve evitar que as formigas evoluam para elefantes ou dinossauros. Para isso, é importantíssimo ser proativo/eficiente na resolução dos problemas que ainda são pequenos.

A maioria das empresas instala um time formal para fazer KAIZEN PARA MELHORAR, mas quase nenhuma faz o mesmo com o KAIZEN PARA MANTER. Estas empresas com certeza têm dificuldades em progredir (melhorar), pois a tendência é que seu chão fique cada vez mais molhado e barrento.

Importância de acumular e aumentar o conhecimento

A Melhoria Contínua é um processo de aprendizado constante e gera um acúmulo de conhecimento que será registrado e utilizado para que possamos seguir nossa caminhada rumo ao SUCESSO. Ou seja, QUANDO FAZEMOS KAIZEN PARA MELHORAR DE NÍVEL, ADQUIRIMOS MAIS CONHECIMENTO.

Nesse processo, o importante é APRENDER E COMPARTILHAR INFORMAÇÕES E EXPERIÊNCIAS para o bem do CLIENTE, para seu bem, para o bem do time, para o bem da empresa e para o bem da sociedade.

Voltando ao KAIZEN PARA MANTER. Vamos imaginar que uma empresa está lutando para manter seu nível ATUAL. Esse nível por si só já compreende GRANDES QUANTIDADES de conhecimento (KNOW-HOW) que devem ser documentados, registrados como instruções e usados para futuros treinamentos. Se isso não for feito, o conhecimento será perdido. Além disso, se não houver uma cultura do KAIZEN PARA MANTER, ou seja, se o foco não estiver na resolução definitiva dos problemas e na gestão operacional preventiva, esta empresa com certeza entrará numa ESPIRAL NEGATIVA em que o pior cenário é a falência (fracasso coletivo).

É comum nas organizações que grande parte dos colaboradores atue na operação vigente, ou seja, a maioria dessas pessoas detém o conhecimento relativo ao nível atual. Porém, este conhecimento está espalhado dentro da equipe de maneira desigual, não existe alguém que saiba de tudo. Em nossa experiência, constatamos que essa situação limita muito a capacidade de progresso das empresas.

Para você ter uma ideia numérica da afirmação anterior: imagine que cada indivíduo de uma empresa com 100 pessoas detenha 1% do conhecimento total. Temos, então, 100% do conhecimento diluído entre todos os colaboradores. Agora, vamos imaginar uma organização que possua um sistema de compartilhamento desse conhecimento, possibilitando que cada indivíduo tenha acesso aos 99% que faltavam. Neste cenário ideal, podemos ter 100 pessoas com 100% do conhecimento.

Você pode estar pensando: "Se eu ensinar tudo que sei, vou perder minha vantagem competitiva." ou "Parece que vocês da WINNER´S ALLIANCE são sonhadores e não conhecem a realidade...", mas gostaria de lembrá-lo do ditado "UMA ANDORINHA SÓ NÃO FAZ VERÃO".

Você pode ser a MELHOR ANDORINHA (melhor em fazer KAIZEN PARA MANTER e PARA MELHORAR), mas se as outras andorinhas forem apáticas e não souberem a importância de fazer os dois tipos de Kaizen, a chance de FRACASSO coletivo é altíssima. Ou seja, não basta você continuar fazendo a sua parte sendo uma SUPER ANDORINHA com VANTAGEM COMPETITIVA se a empresa ou grupo com o qual trabalha estiver à beira da falência.

Se você começar a trabalhar ativamente para que o conhecimento seja coletivo, com certeza a sua vida vai se transformar e os resultados serão expressivos.

Entenda: se o grupo tem sucesso, todos ganham. Não adianta sabotar a equipe e usar "sua vantagem competitiva" pois, numa empresa mais amadurecida, as pessoas saberão usar a força de todas as andorinhas para alcançar o SUCESSO.

A VERDADEIRA VANTAGEM COMPETITIVA surgirá apenas se você trabalhar para que o conhecimento individual se transforme em COLETIVO.

Achamos importante fazer este adendo, pois a maioria das pessoas tende a se defender ou se isolar em vez de compartilhar o conhecimento, o que pode limitar o seu desenvolvimento. Recomendamos que você trabalhe pelo verdadeiro SUCESSO.

Mudar isso significa seguir o caminho do Kaizen e do acúmulo de CONHECIMENTO. ESTE É OUTRO SEGREDO DO SUCESSO DE QUEM AMADURECEU.

KAIZEN PARA MELHORAR

As empresas competitivas (de SUCESSO) são capazes de fazer KAIZEN PARA MELHORAR, ou seja, elas conseguem alcançar o novo nível de forma planejada, aplicando a GESTÃO PDCA e eliminando MURI, MURA e MUDA. Precisamos resolver os problemas que nos impedem de estar no nível desejado.

Ponto importante do KAIZEN PARA MELHORAR: é necessário entender a diferença entre a quantidade de Kaizen que você **consegue fazer** e a que você **precisa fazer**. Isso pode determinar a vida ou a morte de uma empresa.

Exemplo: imagine que os custos da sua empresa aumentam 5% anualmente. Isso está causando sérias dificuldades, pois as vendas estão diminuindo e o aumento do preço passou a ser proporcional ao aumento de custos. Além disso, para seu azar, uma das concorrentes está conseguindo fazer uma redução de 2% no preço todos os anos.

As 10 linhas de sua empresa foram sendo fechadas devido à retração de vendas, (perderam 5 linhas em 10 anos), há muito medo de demissões e o ambiente está péssimo.

Neste cenário, o repasse de custos não pode igualar o preço de vendas, pois se isso acontecer, a empresa passará a ter prejuízo de 10%. Para não falir, deve-se atingir uma redução mínima de custos de 2% (para acompanhar a concorrente em % de diminuição de preço).

Imagine que, para salvar a empresa, você tentou implantar atividades Kaizen obrigatórias sem preparo da equipe, sem comunicação e sem explicações claras da situação delicada.

Situação de Kaizen 1 – Cada um por si e, quem sabe, Deus por todos. Houve desânimo geral, os custos se descontrolaram, muitos pediram demissão depois de terem ouvido rumores de que o barco estava afundando e não houve adesão ao Kaizen (exceto pela linha 5, em que houve resultado excelente com melhoria substancial).

Linha 1 Aumento de custo: 9%

Linha 2 Aumento de custo: 9%

Linha 3 Aumento de custo: 11%

Linha 4 Aumento de custo: 7%

Linha 5 Redução de custo: 8%

Resultado Geral: aumento de custo de 5,6% com prejuízo de 13% →Falência

Situação de Kaizen 2 – Houve preparação mental (construção de compromisso e senso de time), preparação técnica (capacidade de enxergar e resolver problemas), comunicação adequada e organização com participação de todos os níveis.

Linha 1 Redução de custo: 6%

Linha 2 Redução de custo: 7%

Linha 3 Redução de custo: 6%

Linha 4 Redução de custo: 8%

Linha 5 Redução de custo: 8%

Resultado Geral: redução de custo de 7% e aumento de 8% nas vendas com lucro recorde de 10%

No caso 1, seria necessário que todos conseguissem, no mínimo, evitar o aumento de custo para que a empresa pudesse sobreviver. Já no caso 2, o preparo adequado e o engajamento trouxeram bons resultados, pois todos se comprometeram, compartilharam conhecimentos e trabalharam pelo SUCESSO. Fazer a preparação deste ambiente positivo é o MAIOR e MELHOR KAIZEN que podemos fazer.

O KAIZEN levado a sério se baseia na necessidade.

Quando não está claro onde estamos e para onde precisamos ir, a chance de fracasso é gigantesca. Muitas empresas ou pessoas fazem Kaizen para imitar alguém que o faz com sucesso, mas isso não garante bons resultados. Para que isso aconteça, é importante definir a quantidade de trabalho adequado às suas necessidades.

O grupo Toyota nunca fez Kaizen para IMITAR alguém, pois o nosso intuito sempre foi resolver problemas e dificuldades para satisfazer os clientes. Isso nos fortaleceu e nos deixou mais competitivos.

Por exemplo, suponhamos que é necessária uma melhora de 150% para garantir a sobrevivência da empresa. Se você não souber essa porcentagem, pode acabar se iludindo, achando que teve um ótimo resultado com uma melhora de apenas 20%. Neste caso, sua necessidade é bem maior e não interessam os 10% da maioria ou os 20% em relação aos 10%. Cair neste tipo de ILUSÃO resultará em seu fracasso.

O trabalho completo MINDSET + TÉCNICA + ORGANIZAÇÃO te levará ao SUCESSO INDIVIDUAL E COLETIVO.

Nossa experiência nos mostrou que é preciso estar completo e, no mínimo, muito melhor que a média para ter SUCESSO. Depois dessa leitura, esperamos que você perceba e entenda todos os aspectos indispensáveis para alcançar os seus SONHOS, pois acreditamos que, com esta percepção, você será capaz de enfrentar tudo que for necessário para vencer a grande batalha da vida.

Se você está sozinho em sua jornada, terá que fazer KAIZEN PARA MANTER E MELHORAR ao mesmo tempo, mas se já está num grupo (mais provável), terá a chance de fazer os tipos de Kaizen separadamente – é comum que os colaboradores de uma empresa estejam separados em equipes com focos distintos.

Aqui, é importante o KIZUNA (lações de união, senso de TIME). Sem ele, podemos ter sérios problemas.

SENSO DE TIME verdadeiro x falso?

VERDADEIRO: todos se ajudam e se fortalecem a partir da confiança mútua que foi construída pelo grupo.

FALSO: todos afirmam a união do time, mas frequentemente os EGOS inchados, o medo da concorrência interna etc. resultam no ocultamento de informações importantes e na sabotagem velada para evitar o progresso dos demais.

Nesse subcapítulo, você adquiriu os seguintes conhecimentos:

- ❖ Não existe Kaizen para MELHORAR sem Kaizen para MANTER
- ❖ O Kaizen gera acúmulo de CONHECIMENTO
- ❖ O conhecimento individual deve ser coletivizado
- ❖ Kaizen VERDADEIRO é saber onde estou e o que devo fazer para atingir os meus objetivos

No próximo subcapítulo, vamos entender a prioridade de eliminação dos 3MU´s.

4.6. Fundamentos da sistemática Lean: KAIZEN E TRABALHO PADRONIZADO (com 5S) andam juntos

Ao finalizar este subcapítulo, você entenderá que seu SUCESSO depende do 5S e do trabalho padrão com foco na performance. Sem eles, não será possível ter resultados EXPRESSIVOS DURADOUROS.

Neste ponto, vamos voltar ao MURI, MURA e MUDA, os INIMIGOS DA PERFORMANCE, para aumentar o seu entendimento e consolidar a necessidade de eliminá-los seguindo uma ordem lógica (com prioridade adequada).

A figura abaixo nos mostra o número de sequência de produção (de 15 peças) de um determinado modelo de peça (eixo horizontal) e o tempo que levou para fazer cada uma das peças (eixo vertical).

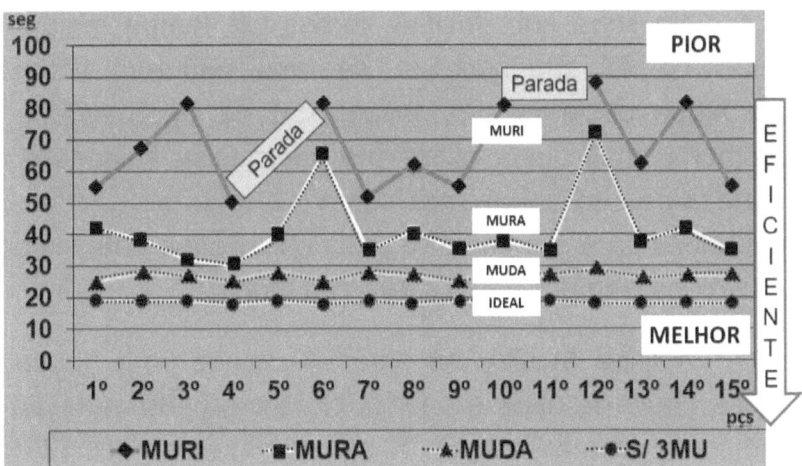

Neste gráfico, temos 4 situações:

S/ 3MU: situação ideal (nossa capacidade no limite de hoje).

MUDA: situação com Desperdício.

MURA: situação com Incerteza.

MURI: situação Insuficiente para processo.

Perceba que no nível S/ 3MU temos o melhor tempo e a menor variação. Nesse caso, o tempo aproximado de produção de uma peça é de 20 segundos, portanto esta será nossa referência (levando em consideração que o tempo máximo para produzir 15 peças, nesse caso, é de 300 segundos).

Agora, vamos entender o impacto dos nossos inimigos da performance MUDA, MURA e MURI nos outros níveis

Na linha com MUDA, temos um tempo maior (em torno de 27 segundos) e há uma pequena variação. Podemos observar um desperdício da oportunidade de melhoria, mas ainda existe um padrão, ou seja, temos a certeza de que poderemos cumprir a meta se usarmos 27 segundos para programar a produção. Esta é uma situação muito boa (tempo 27x15 = 405 segundos).

A linha MURA, no entanto, parece uma montanha russa cheia de altos e baixos. Note a grande variação de tempo da peça 4 (feita em 30 segundos) e da peça 12 (feita em 72 segundos). Mesmo assim, começamos e terminamos a produção dos 15 itens.

As grandes variações podem nos levar a uma situação de INCERTEZA. No gráfico, poderíamos dizer que a média do nível MURA é de 50 segundos, mas a inconstância é muito grande, dificultando o comprometimento com a programação. Esta situação sempre vai acabar com a "falha dos compromissos". Note também que 50 segundos por peça é péssimo se comparado com os 20 segundos do nível S/ 3MU (seria necessária uma melhora de 250% para alcançar o melhor tempo). Ou seja, ter MURA é muito ruim para quem precisa CONSTRUIR CREDIBILIDADE e gerar custos altos (tempo para as 15 peças = 625 segundos).

Agora vamos ao nível MURI. Note que o tempo é extremamente variável (média de 70 segundos) e há muitas rupturas (momentos em que a produção parou por muito tempo), ou seja, não há continuidade. Além disso, essas rupturas costumam ser muito maiores que a escala do gráfico.

Por exemplo, se na ruptura 1 ficamos parados por 33 minutos e na ruptura 2 por 93 minutos, temos aproximadamente 8.437 segundos para 15 peças, uma média de 563 segundos por unidade. O tempo total é 28,12 vezes maior que 300 segundos, ou seja, o potencial de melhora é de 2.812%.

Conclusão 1: devemos priorizar a eliminação dos problemas que causam MURI (tempo alto de produção e rupturas). Infelizmente, notamos que ainda existem muitas empresas com situações preocupantes de MURI e o mais impressionante é que elas não entendem a gravidade do que estão vivendo. Na nossa opinião, elas estão vivas por pura sorte.

Conclusão 2: devemos ter como segunda prioridade a eliminação das incertezas. MURA funciona como uma bomba atômica, se não explodiu ainda foi por sorte e a chance de isso acontecer é ALTÍSSIMA.

Conclusão 3: sem MURI e MURA, temos a condição de situação PADRONIZADA, mesmo havendo desperdícios.

Ter um padrão é a condição mínima para a evolução da EMPRESA, pois sua sistemática de Melhoria Contínua funcionará. Observe a palavra "mínima", pois se o seu desperdício for muito alto, o cliente vai acabar comprando da concorrência. Ter custo adequado é necessidade de sobrevivência.

Por exemplo, se seu concorrente consegue fazer as peças em 20 segundos e você em 27 segundos (tempo padronizado para que suas sistemáticas de Kaizen funcionem), significa que sua condição é insuficiente para competitividade de custo. Neste caso, para que sua empresa sobreviva é preciso empatar no nível de 20 segundos, e para que ela tenha VANTAGEM COMPETITIVA o tempo deve ser menor (15 segundos, por exemplo). SIM, 15 segundos e rezar para que seu concorrente não esteja buscando metas que possam te deixar em desvantagem.

REFORÇANDO: fazer Kaizen de acordo com as NECESSIDADES ESPECÍFICAS da sua empresa é parte do caminho para o SUCESSO. Tenha em mente que você concorre com o mundo, não com quem está no mesmo barco que você, ou seja, seu progresso pessoal depende da ajuda de todos que estão ao seu redor. No mundo cão em que vivemos, poucos têm esse entendimento.

Temos um ditado: "Uma vez visto, não será esquecido". Ou seja, se alguém continuar no caminho errado mesmo depois de ter esclarecimento ou orientação, será por decisão própria (talvez por negligência ou má índole). Por isso, recomendamos que você comece a sua jornada construindo um ambiente adequado ao sucesso.

Observe que você está aprendendo a entender MINDSET (inclui atitudes), técnicas assertivas, e organização, tudo para TER SUCESSO. Porém, vale lembrar que isso só acontecerá se cada pessoa alcançar o sucesso individual através da vitória COLETIVA.

O 5S e o trabalho padronizado andam juntos e são parte importante da SISTEMÁTICA LEAN.

O ideal é ter o máximo aproveitamento dos recursos (sem MURI, MURA ou MUDA).

Trabalho Padronizado

Imagine uma linha de produção de 5 postos em sequência e considere a situação de 20 segundos do gráfico já utilizado. Cada operador faz a quinta parte do total de tempo de cada uma das peças daquele gráfico.

Vamos, então, entender qual é o trabalho padronizado da linha.

Posto 1: pegar a peça no seu lado esquerdo em 3 segundos, processar em 14 segundos (sempre usando as ferramentas e componentes que estão nos lugares determinados), e entregar no lado direito para o próximo operador em 3 segundos. Tempo total 3+14+3 = 20 segundos.

Posto 2: idem

Posto 3: idem

Posto 4: idem

Posto 5: idem

Em cada posto, o operador precisa receber a peça, fazer a quinta parte da montagem total de 70 segundos (14 segundos) e entregar para a próxima pessoa. Isso significa que uma peça será produzida a cada 20 segundos se os 5 postos trabalharem de maneira padronizada e simultânea. Assim é estabelecido o TRABALHO PADRÃO de nossa linha.

Com tudo bem padronizado, é fácil ter certeza de que a produção será cumprida. Com MURI e MURA é muito difícil conseguir isso.

Padronizar bem é importante para o funcionamento da gestão PDCA. Se o padrão for claro, eu terei condições de perceber as anormalidades (na fase "check") e poderei definir ações para resolver os problemas enquanto ainda estão pequenos (antes de se tornarem elefantes ou dinossauros).

Você deve estar se perguntando: Como garantir isso na minha empresa? Parece impossível fazer isso lá, pois nada funciona, ninguém faz nada! Mas o que você e todos os seus colegas estão fazendo para alcançar o próximo nível? Temos quase certeza de que a resposta é "nada" ou "quase nada".

Se você concordou com a última afirmação, confirmou que no nível atual existe MURI, ou seja, há um montão de condições insuficientes. Nesse caso, é necessário mapear todas essas condições e resolvê-las para que você possa sair da tremenda desvantagem em que está. Não conseguir resolver pode significar a morte da empresa e a sua também.

A culpa não é do dono, do chefe ou do colega de trabalho, É DE TODOS. Lembre-se: resolver é uma necessidade da EMPRESA, não um desejo individual.

Agora, vamos entender o que chamamos de 5S começando pela versão BANALIZADA e depois passaremos para a releitura da WINNER´S ALLIANCE com foco na performance.

5S banalizado

Situação 1: devemos fazer 5S (sinônimo de limpar, na maioria das empresas), pois receberemos visita (da matriz ou do cliente). Imagino que a frequência dessa situação possa ser semestral ou até mensal e tenho certeza de que você já viveu um momento como este.

Situação 2: vamos fazer 5S porque semana que vem teremos auditoria interna, da matriz ou do cliente.

Situação 3: todas as suas coisas devem ter uma marcação de localização e/ou identificação. Por exemplo, protetor auricular expansivo com etiqueta "protetor auricular, guardado no canto direto da terceira gaveta do lado direito da mesa do escritório". Nas auditorias, você com certeza já caiu na triste realidade de ter sido registrado em contradição por falta de etiqueta.

Situação 4: "Meu dia a dia é um inferno de problemas e tenho que fazer esta palhaçada de 5S".

A verdade é que sem o 5S (e sem um propósito) a sistemática Lean não funciona.

Estes foram alguns exemplos da banalização do 5S. Temos certeza de que ninguém decidiu fazer tudo errado, essas situações provavelmente foram causadas por vários motivos. Por exemplo, encontramos muitos vídeos de pessoas vangloriando a LIMPEZA, dando a impressão de que o RESULTADO do 5S é a limpeza invejável, mas não é bem assim que as coisas funcionam, como veremos a seguir.

Versão melhorada do conceito de 5S da WINNER'S ALLIANCE com foco na performance.

Os componentes do 5S são **SEIRI, SEITON, SEISO, SEIKETSU e SHITSUKE**. Eles devem ser implementados com o propósito de:

1. Facilitar a gestão
2. Desenvolver pessoas capazes de fazer gestão e Kaizen
3. Melhorar a segurança
4. Melhorar a qualidade
5. Melhorar a entrega (confiabilidade)
6. Melhorar (reduzir) custos
7. Ter eficiência e energia para alcançar a satisfação do cliente.

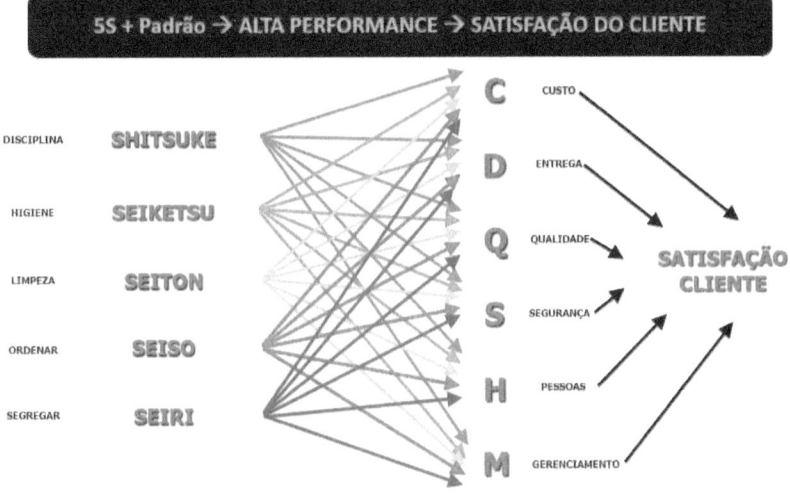

Segregar (SEIRI) materiais, ferramentas e informações desnecessárias para o desenvolvimento da empresa.

Gestão: melhora o foco da gestão e facilita o processo.

Pessoas: melhora o foco da equipe.

Segurança: diminui os obstáculos e ajuda a evitar erros graves que possam comprometer os colaboradores ou a própria empresa.

Qualidade: diminui as chances de erros e misturas.

Entrega: diminui as chances de atraso.

Custo: evita o custo de armazém, manuseio, movimentação, análises etc.

Ordenar (SEITON) materiais, ferramentas e informações para facilitar sua utilização.

Gestão: facilita a identificação de anormalidades.

Pessoas: facilita o trabalho.

Segurança: cria espaços necessários e acesso adequado.

Qualidade: diminui as chances de erros e misturas.

Entrega: torna o processo mais confiável.

Custo: reduz o tempo de manuseio e de processamento.

Limpeza (SEISO) de materiais, ferramentas e informações para evitar contaminação e danificação.

Gestão: facilita a identificação de anormalidades.

Pessoas: facilita o trabalho.

Segurança: evita acidentes.

Qualidade: diminui as chances de contaminação e danificação.

Entrega: melhora a aparência do produto.

Custo: evita perdas em geral.

Higiene (SEIKETSU) PADRONIZADA de materiais, ferramentas e informações para criar condições de aplicação dos 3S anteriores e para estabelecer REGRAS.

Gestão: facilita a identificação rápida de problemas.

Pessoas: elimina a necessidade de limpeza (SEISO).

Segurança: evita contratempos indesejados.

Qualidade: diminui as chances de danificação.

Entrega: torna o processo mais confiável.

Custo: diminui distâncias, manuseio e trabalho.

Disciplina (SHITSUKE) para aplicar os 4S apresentados (é muito conveniente que os gestores deem o exemplo).

Gestão: hábito de preparação, prevenção e redução de danos.

Pessoas: hábito = rotina.

Segurança: hábito de procurar problemas.

Qualidade: hábito de procurar problemas.

Entrega: hábito de procurar problemas.

Custo: hábito de resolver os problemas enquanto ainda são pequenos

O 5S e o trabalho padrão são interdependentes (ou seja, inseparáveis). Juntos, esses dois fatores vão garantir uma implementação EFICAZ da sistemática Lean na sua empresa.

Vamos imaginar um processo bem simples: no seu posto de trabalho, o ideal é que você receba o produto sempre no seu lado esquerdo para processá-lo na sua frente (no berço de montagem) e entregá-lo no seu lado direto.

Para ter o máximo rendimento, você precisa almejar as máximas performances de GESTÃO eficiente, PESSOAS eficientes, SEGURANÇA garantida, ENTREGA garantida e CUSTO controlado. Esses fatores devem ser adequados ao seu nível atual (sem MURI e MURA)

Para que você possa ter um bom gerenciamento (ou seja, para que perceba as anormalidades e defina ações para manter o nível) é importante que tudo esteja PADRONIZADO.

Analisando seu posto de trabalho: para que você tenha condições de receber, processar e entregar a peça sempre no mesmo lugar, é preciso fazer 5S (ter somente o que precisa de maneira ordenada, com limpeza, posição definida, condição padrão e continuidade). Isso significa que, ao determinar o esquema de recebimento, processamento e entrega do produto, você definiu um PROCESSO PADRONIZADO.

Agora você pode fazer uma gestão adequada, pois sabe quais são as condições necessárias para o funcionamento da linha de produção. Com isso, poderá ver e perceber, por exemplo, que não estava na posição correta ou que o dispositivo estava fora do lugar.

Tudo que acontecer fora do padrão estabelecido deverá ser questionado. Por exemplo, se a peça estiver sempre num lugar diferente, pergunte-se: Há alguma marca que evidencie o lugar em que o produto deveria ser colocado? Se não houver, significa que essa é uma condição insuficiente para garantir o "sempre no mesmo lugar".

Outra possibilidade: você descobre que existe um apoio que garante a estabilidade da peça após o posicionamento. Pode ser uma oportunidade de KAIZEN PARA MANTER na condição que desejamos. Ou seja, entender as necessidades da empresa (no exemplo, manter a peça numa determinada posição) é o primeiro passo para perceber o que não está sendo suficiente para garantir um bom resultado e começar a fazer o Kaizen.

Um processo mal definido pode impedir a boa gestão e a aplicação do KAIZEN PARA MANTER. Em outras palavras, o 5S e o processo padrão formam a base de toda a sistemática Lean.

Note pelo exemplo que, ao estabelecer 5S e processo padrão, você definiu seu nível atual, o que possibilita a aplicação do KAIZEN PARA MANTER. Com isso, você poderá agregar contramedidas a tudo que estiver impedindo o cumprimento do que foi planejado.

Lembre-se: devemos fazer KAIZEN enquanto os problemas são pequenos, não podemos permitir que eles virem elefantes (MURA) ou dinossauros (MURI). É crucial fazer o 5S bem-feito (seguindo os propósitos citados na versão/visão WINNER'S ALLIANCE) com cuidado e detalhamento suficientes para que tudo fique bem definido. Dessa forma, será possível extinguir as ANOMALIAS e aplicar efetivamente a sistemática Lean.

Com proatividade, você poderá encontrar as anormalidades e resolver logo os problemas, poupando recursos, energia e ainda mantendo sua CREDIBILIDADE ALTA.

Ignorar a importância do 5S e do processo padronizado é o começo da RUÍNA. Esse é um dos principais motivos do FRACASSO de muitas empresas que tentam implementar a sistemática Lean.

Entenda que o 5S e o processo padronizado não são uma entidade genérica a ser feita de qualquer jeito, eles devem ser aplicados em cada pequena parte de tudo que acontece à sua volta (sistemática Lean, 5S, processo padrão, Kaizen para MANTER, Kaizen para MELHORAR). Em outras palavras, é tudo 100% SUA RESPONSABILIDADE, nunca delegue o seu SUCESSO a terceiros. Fazer isso é o mesmo que contratar alguém para fazer atividades físicas diárias no seu lugar; na melhor das hipóteses, essa pessoa terá saúde e você acabará com problemas sérios.

Você deve estar pensando que já fez tudo que estava ao seu alcance, mas nós temos certeza que NÃO. É preciso entender os vários sinais que demonstram a sua falta de comprometimento, ou seja, você deve sair de um transe do qual poucos conseguem escapar.

"Aqui as coisas não acontecem, pois falta interesse ou atitude dos gestores, dos seus companheiros, de seus subordinados, do time que é antigo, do time que é muito novo". Se esse pensamento já lhe ocorreu, significa que o erro também estava no jeito que você enxergava os problemas. Veja bem, não estamos sendo duros ou invasivos, só queremos deixar clara a importância do que estamos explicando ao longo deste livro.

Não basta achar, pensar ou dizer, VOCÊ PRECISA FAZER, AGIR, SER O PROTAGONISTA.

Como está seu comprometimento? Você realmente fez o seu trabalho com toda a dedicação para obter o resultado necessário? Se a resposta for SIM, significa que você já conseguiu ou está para conseguir os resultados que tanto deseja. Se isso não ocorrer, faça novamente a pergunta a si mesmo e avalie sua performance.

Tome cuidado para não continuar culpando fatores externos por problemas que são seus, comece a pensar "EU FAÇO, EU CONSIGO, EU INSPIRO QUEM ESTÁ À MINHA

VOLTA". Isso é imprescindível para alcançar o seu SUCESSO.

Devemos praticar o 5S e o processo padronizado todos os dias, todas as horas e todos os minutos com foco na performance de gestão(M), pessoas(H), segurança(S), qualidade(Q), entrega(D) e custo(C). Você precisa trabalhar como um missionário para inspirar todos ao seu redor e possibilitar o SUCESSO COLETIVO.

Se o 5S está sendo feito sem um propósito definido, seu trabalho mais importante é torná-lo obrigatório a fim de melhorar a performance. Sem isso, toda a sistemática está fadada ao fracasso.

Na busca pela união do time, você deve FAZER mais e PEDIR/EXIGIR menos. É preciso lutar pela transformação do todo.

Após perceber e entender a diferença dessas situações, um cliente de nossas consultorias concluiu: "Estávamos usando ferramentas muito potentes para matar FORMIGAS enquanto havia muitos ELEFANTES e DINOSSAUROS em nosso caminho. Finalmente aprendemos que não precisamos de ARMAS MIRABOLANTES para eliminá-los, basta dar um empurrãozinho".

Em outras palavras: precisamos padronizar BEM e fazer gestão PDCA preventiva para evitar o surgimento de elefantes e dinossauros. Com isso, pouparemos muita ENERGIA e RECURSOS preciosos.

O 5S e o processo padronizado são nossas maiores armas para evitar a proliferação de MURA e MURI.

Nesse subcapítulo, você adquiriu os seguintes conhecimentos:

- ❖ MURI e MURA são inimigos do padrão e causam sérios danos, impedindo a gestão fina/preventiva
- ❖ O 5S deve ter PROPÓSITO com foco nos MHSQDC para entregar mais satisfação ao cliente
- ❖ Fazer 5S e processo padronizado significa eliminar os 3MU´s
- ❖ 5S e padrão são interdependentes, ou seja, um não existe sem o outro
- ❖ 5S e processo padronizado formam a base do Lean

No próximo subcapítulo, vamos entender os conceitos de JUST IN TIME & JIDOUKA

4.7. Fundamentos da sistemática Lean: JUST IN TIME & JIDOUKA

Até o subcapítulo 4.6, estávamos falando apenas da base (fundação) do TPS/LEAN. Agora, vamos continuar a construção desta casa (sistemática), completando com os 2 pilares: JIDOKA(JIDOUKA) e JIT.

O conceito JIDOUKA existe desde o surgimento dos teares criados e patenteados por SAKICHI TOYODA (anos 1890), enquanto o JIT é mais recente (anos 1960). As pessoas costumam confundir e achar que a sistemática TPS/LEAN nasceu na época do surgimento do JIT, portanto vamos esclarecer: Lean é o resultado da aplicação de conceitos, técnicas e ferramentas, tendo surgido nos anos 1890. Essa prática está em constante evolução, mas o foco continua no atendimento às necessidades do cliente.

O importante é entender que as partes da sistemática são MEIOS para atingir RESULTADOS EXPRESSIVOS e conseguir a SATISFAÇÃO DO CLIENTE. Elas foram sendo aplicadas no dia a dia (informalmente) e se tornaram parte do DNA do Grupo Toyota; hoje, estão formalizadas em procedimentos e livros mundo afora.

O TPS/LEAN garante o máximo aproveitamento dos recursos (material, pessoas, equipamentos, conhecimentos, espaço etc.). É tudo uma questão de gerar o melhor resultado e eliminar os INIMIGOS (MURI, MURA, MUDA), ou seja, as condições de insuficiência, incerteza e desperdício). O propósito sempre será a satisfação do cliente, por isso precisamos ter foco na entrega de valor.

Não adianta ser a empresa mais eficiente do mundo e não alcançar as expectativas do cliente. Para a WINNER'S ALLIANCE, esta é a pior situação que você pode enfrentar.

PILAR JIDOUKA

Se você conhece a sistemática Lean, provavelmente já ouviu falar do conceito glamourizado de JIDOKA(JIDOUKA), fortemente relacionado com a qualidade. Por exemplo: se uma máquina defeituosa está ocasionando a má qualidade dos produtos, ela vai PARAR o processamento até que o operador e os gestores restabeleçam a continuidade da produção. Este conceito induz o entendimento de que JIDOUKA deve ser aplicado apenas em máquinas automatizadas e com o único intuito de melhorar a qualidade.

Agora, gostaria de convidá-lo a conhecer uma nova definição: JIDOUKA é o sistema utilizado para identificar anormalidades e resolver problemas.

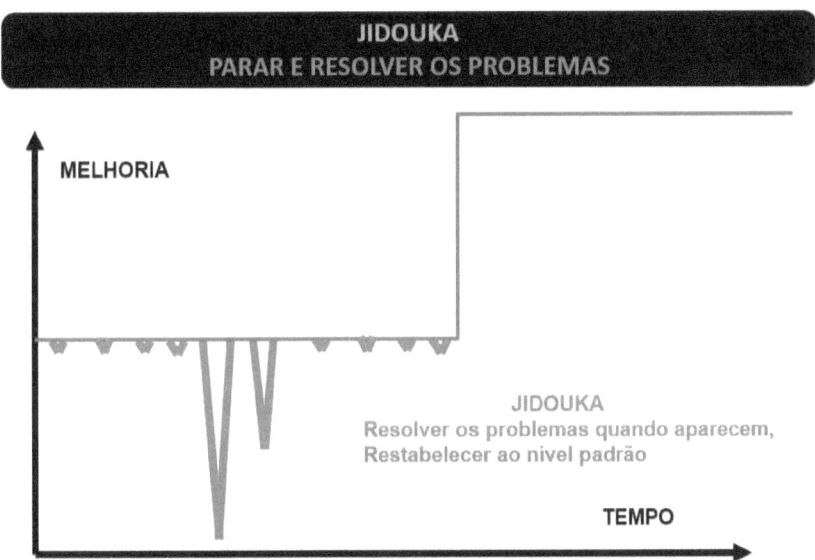

Para ter a melhor relação ENERGIA GASTA x RESULTADOS (melhor performance), você deve fazer JIDOUKA de forma preventiva e enquanto o problema ainda é pequeno.

Percorremos esse caminho para que você possa ter uma referência do que é NORMAL ou ANORMAL, ou seja, para que tenha condições de detectar problemas e de resolvê-los a fim de evitar grandes prejuízos econômicos e de CREDIBILIDADE.

Você deve entender a importância de NUNCA DEIXAR PARA DEPOIS. Fazer isso é o mesmo que ler jornal velho, ninguém se interessa pelas notícias dos dias anteriores.

Por isso, quando receber a notícia (detecção de anormalidade), você deve agir imediatamente para entender o que está acontecendo e resolver o problema sem ter prejuízos significativos.

Para consolidar o entendimento do JIDOUKA: imagine que você produz bolos doces semanalmente (100 bolos por hora, 20 horas por dia, 5 dias por semana) e detectou que, na última segunda-feira, o primeiro bolo estava salgado, ou seja, fora dos padrões determinados (esta foi a manchete daquele momento). Por falta do entendimento do JIDOUKA (identificação e resolução rápida), você não ignorou o problema até o fechamento no final da semana (última peça). Ou seja, produziu 10.000 bolos salgados (ANORMALIDADE).

Vamos calcular o impacto da produção esta semana. Se o seu bolo é vendido por R$10 e o custo de produção é R$9, seu lucro planejado desta semana é de R$10.000 (R$1 por bolo, 100 bolos por hora, 20 horas por dia, 5 dias).

O problema é que, como não houve ação corretiva, você teve R$90.000 de PREJUÍZO (R$9 por bolo), ou seja, perdeu todas as vendas da semana e talvez até alguns clientes, pois sua CREDIBILIDADE foi destruída.

Se você tivesse parado e resolvido a situação no primeiro bolo, perdendo no total 5 minutos de produção, o prejuízo total seria de R$ 17,34.

[Perda 9 + (R$1 de prejuízo por bolo, *5min*1h/60min*, 100 bolos por hora)] = 9 + 8,34

Lucro real = 10.000 - 17,34 = R$9.982,66.

Um prejuízo de R$90.000,00 é muito pior do que um lucro de R$9.982,66.

Se você reagir, o prejuízo máximo POR HORA será de R$1.800 (R$9 por bolo, 200 bolos por hora). Observe que não consideramos os custos de produção (com hora extra) para recuperar os bolos que foram produzidos com anormalidade.

Porém, se você avaliar o dia antes de agir, pode ter 20 horas de prejuízo, ou seja, até R$18.000 por dia. Essa quantia já é muito maior que o lucro planejado.

Entenda também que o conceito JIDOUKA pode ser aplicado em todas as performances que precisamos MANTER E MELHORAR (gestão, pessoas, segurança, qualidade, entrega e custo).

No exemplo numérico, mostramos o efeito direto de perda econômica. Lembre-se: gestão inadequada, pessoas despreparadas, falta de segurança, qualidade variável e entrega ineficiente vão direta ou indiretamente gerar

DÉFICIT DE CUSTOS, sem falar na perda de CREDIBILIDADE. Se a sua empresa chegar a este ponto, com certeza estará numa espiral negativa, o que rapidamente pode resultar na sua RUÍNA.

Tenha sempre em mente que, para todos as performances MHSQDC, você deve aplicar o conceito JIDOUKA e resolver o problema que provocou a ANORMALIDADE. Ou seja, é necessário utilizar os fundamentos 5S e processo padronizado (eliminando o 3MU´s, prioritariamente MURI, MURA, MUDA, nesta ordem) até garantir a estabilidade da empresa. Assim, você será capaz de perceber os problemas e resolvê-los enquanto ainda são pequenos.

Aplicar JIDOUKA é condição essencial para fazer o KAIZEN PARA MANTER.

Com o planejamento estabelecido (e de acordo com a necessidade) você deverá trabalhar para atingir o próximo nível, chegando finalmente ao KAIZEN PARA MELHORAR.

PILAR JIT (JUST IN TIME)

O sistema de produção Just in Time é um método a partir do qual você "produz o que precisa, quando precisa e na quantidade que precisa". Associado ao Kanban, é um dos componentes do Sistema Toyota de Produção. (Traduzido do Wikipedia Japan).

O JIT é uma forma de operação que visa a eliminação metódica dos 3MU´s. Vale lembrar que o 5S + processo padrão + JIDOUKA + JIT são partes da sistemática

TPS/LEAN, ou seja, são as ferramentas que nos ajudam a desenvolver e melhorar os aspectos MHSQDC.

Para dominar o método JIT, é importante lembrar que devemos sempre entregar algo de valor na forma de produtos ou serviços. Para tal, precisamos organizar a sequência de operações de maneira a atender o cliente a partir de sua necessidade, na hora que ele desejar e dentro de seus requisitos. Isso só será possível se a segurança, qualidade, delivery (entrega) e custo (SQDC) forem padronizados.

Para atender as necessidades do cliente, precisamos de um gerenciamento (M) efetivo, de pessoas aptas para fazer o que for preciso e de um padrão claro que deve ser definido com a finalidade de garantir a segurança, a qualidade, a entrega e o custo desejado/planejado.

Vamos imaginar que a nossa empresa é um grande rio, ou seja, a água entra por um lado e sai processada pelo outro.

SITUAÇÃO IDEAL

Esse rio é reto (sem sinuosidades, percorre o menor caminho), contínuo (sem rupturas), possui fluxo constante (certeza) e não há perda de água (aproveitamento total de recursos, sem vazamentos, evaporação ou absorção pelo solo).

Associamos essa situação com PROCESSOS PADRONIZADOS.

SITUAÇÃO INADEQUADA

Na maioria das empresas, é comum que o rio seja sinuoso, cheio de trechos descontínuos (onde precisamos fazer o transporte de água por baldes ou bombas para conectar um trecho ao outro), com possibilidade de evaporação da água, absorção pela terra etc, ou seja, há uma enorme diferença entre a quantidade de líquido que entra e sai. Além disso, o rio flui em regime irregular, ora muito, ora pouco.

Nessa situação, não há PROCESSO PADRONIZADO, ou seja, não é possível prever os resultados. Com isso, o produto acaba sendo fabricado mesmo quando não há consumo.

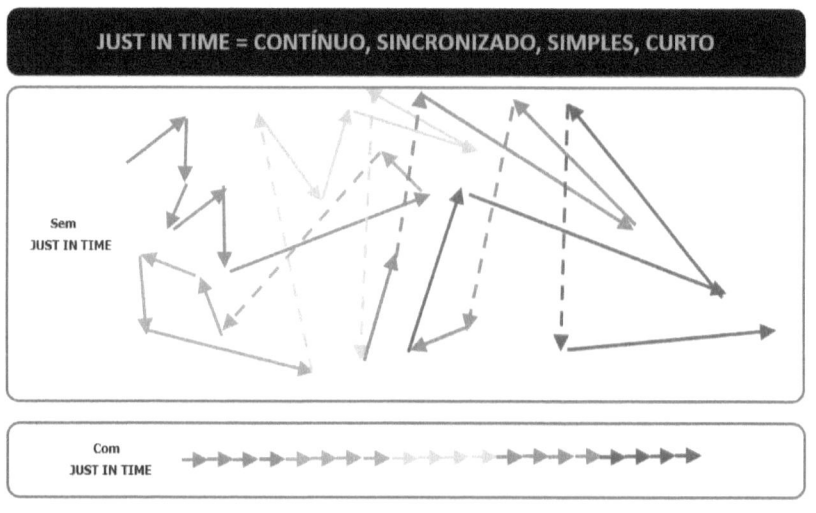

KANBAN

Na prática do Lean bem aplicado, o sistema Kanban permite que a água flua somente quando necessário. Dessa forma, sabemos que há um fluxo ideal planejado e temos condição de ligá-lo ou desligá-lo.

O Kanban é um sistema de reposição. Isso significa que, entre um ponto e outro da linha de produção, há uma torneira que pode ser aberta para repor a água que foi para o processo seguinte (fluiu para o processo seguinte).

Em outras palavras, esse sistema garante que a reposição seja feita de maneira ORDENADA.

É muito frequente a "tentativa de instalação do sistema Kanban" sem que a empresa tenha condições adequadas, ou seja, sem que haja um PROCESSO PADRONIZADO.

Agora, vamos entender a sequência de trabalho necessária para que o JIT se torne realidade, ou seja, para que possamos transformar o cenário comum de RIO SEM PROCESSOS PADRONIZADOS em RIO IDEAL. Para isso, voltemos à SITUAÇÃO INADEQUADA.

Imagine que decidimos fazer a primeira melhoria: rebocar a calha do rio para eliminar a absorção. Mesmo que isso seja feito, ainda haverá perda de água por evaporação ou vazamento.

Próxima melhoria: usar cano, curvas e cotovelos para evitar a evaporação. A descontinuidade permanece (muitos vazamentos) e ainda é necessário fazer o transporte de água de um trecho a outro.

Próxima melhoria: conectar com canos os trechos que eram não contínuos.

Próxima melhoria: refazer a tubulação para que o caminho fique reto, contínuo, sem vazamentos.

Próxima melhoria: instalar torneiras em vários trechos do rio (principalmente na saída) para que a água flua de maneira controlada, ou seja, implantar o sistema de produção regido pelo KANBAN.

Observação: para que o sistema KANBAN funcione adequadamente, você terá que trabalhar duro para padronizar, aplicar o 5S e implantar o KAIZEN PARA MANTER (JIDOUKA).

Última melhoria: descobrir a necessidade do cliente para aplicar o método JIT. Por exemplo, se a demanda é de 1 copo de água por minuto, devemos adequar todo o processo de produção para que esse copo seja entregue no tempo determinado (com o menor custo, usando tubulação reta, curta e com capacidade de vazão). Esta será a instalação IDEAL e mais ECONÔMICA.

Nas empresas menos amadurecidas, há muitas descontinuidades de fluxo. Em cada ponto de descontinuidade, existe falta ou excesso de água, o que deixa a produção muito caótica, causando estresse e a deterioração do ambiente de trabalho. Para tentar eliminar essa variação, em geral são criadas enormes represas para "guardar a água", ou seja, as empresas criam estoques intermediários para evitar as rupturas. Porém, essas represas não resolvem a situação, pois a SISTEMÁTICA DE

TRABALHO CONTINUA INCOMPLETA e cheia de MURI e MURA.

Neste ponto, você já percebeu que devemos trabalhar de forma estruturada para ELIMINAR os 3MU´s e fazer as coisas na ordem correta, evitando a construção de represas e buscando formas de conectar os trechos de nosso rio.

Você deve eliminar os 3MU´s para que sua gestão fique bem padronizada. Com isso, será possível facilitar a identificação dos problemas, gastar menos energia para resolvê-los e gerar os resultados necessários. É importante fazer isso para cada rio (fluxo).

Ou seja, é preciso que o processo esteja ordenado para que o caminho seja o mais simples, o mais curto e para que os recursos sejam os mais eficientes (pessoas, materiais, equipamento, espaço e método de trabalho) de forma a atender as necessidades dos clientes.

Observe também que toda a sequência do processo deve ser muito bem conectada e sincronizada, ou seja, se houver consumo de água na saída, todos os postos anteriores deverão repor o que foi consumido. Aplicar JIT, portanto, significa produzir somente quando necessário, evitando a produção em excesso.

Agora que você percebeu as vantagens da sequência de melhorias que acabamos de ver, o que acha de ir em busca da situação ideal? Para ser didático, seguimos o caminho da Toyota até chegar ao JIT, mas você não precisa fazer o mesmo trajeto e passar por todas as etapas se tiver em mente o ideal buscado. Ou seja, aplicar toda a sistemática entendendo cada uma das partes e suas interdependências permitirá que você obtenha os resultados mais rapidamente.

Fazer um fluxo ideal já é bastante trabalhoso e existem vários deles (rios sinuosos, descontínuos e mal dimensionados). Ou seja, se você não seguir uma metodologia adequada para organizar sua operação, será mais difícil alcançar seus objetivos e sua vida será um caos. Por isso, devemos aplicar todos os conceitos em cada um dos rios.

É importantíssimo evitar as interferências nas várias linhas de produção. Sabemos que fazer isso é trabalhoso, principalmente pelo alto fluxo de abastecimento, de pessoas e de informações nessas linhas, além dos problemas com os equipamentos. Nas empresas, ainda existem os fluxos principais e os auxiliares (afluentes), há muito que fazer para organizar tudo isso e evitar essas interferências. Porém, garantimos que todo o seu esforço VALERÁ A PENA.

Em outras palavras, o rio é a conexão dos vários postos de trabalho e cada um deles deve ter a sua capacidade bem definida, padronizada.

Em nosso treinamento EAD, trabalhamos o conceito de isolamento de variação (ou isolamento de função). Esse método é utilizado para melhorar a fluidez do rio (sem descontinuidades e rupturas) através da organização de cada afluente.

Nesse subcapítulo, você adquiriu os seguintes conhecimentos:

- ❖ JIDOUKA: resolver os problemas e impedir sua propagação
- ❖ JIT: "produzir o que você precisa, quando precisa e na quantidade que precisa" usando o fluxo de produção mais simples, mais curto e mais eficiente.

No próximo subcapítulo, aprenderemos a importância do controle visual.

4.8. Fundamentos da sistemática Lean: controle visual

O controle visual é uma técnica de gerenciamento de negócios e consiste na comunicação por sinais visuais em vez de textos ou outras instruções escritas. O design das informações é deliberado para permitir seu rápido reconhecimento, aumentando a eficiência e a clareza desta comunicação. Esses sinais podem ser expressos de várias formas, desde roupas com cores diferentes até caixas Kankan, Obeya e Heijunka. No Toyota Way, esse método também é conhecido como MIERUKA (tornar visível). (Wikipédia).

O objetivo dessa técnica é controlar melhor os processos, manter o nível planejado e monitorar a evolução da empresa. Perceba que a palavra "controle" requer a comparação com algo; neste caso, queremos manter o padrão estabelecido antes de pensar em subir de nível.

Nesta publicação, não vamos mostrar todas as técnicas possíveis de gestão visual, mas gostaríamos de reforçar que esse método é essencial para entender o LEAN EMOCIONAL. O controle visual faz parte da sistemática Lean e sua principal função é permitir que os problemas se tornem visíveis o mais rápido possível.

Hoje, as empresas que aplicam a sistemática Lean buscam criar quadros de controle visual para controlar os vários aspectos das operações. Existem muitos indicadores (KPI: Key Point Indicator) que nos mostram se estamos conseguindo MANTER ou MELHORAR a eficácia dos processos.

O importante é que o CONTROLE VISUAL nos conecte com o resultado desejado, ou seja, que nos ajude a entender situações e tomar decisões para que possamos atingir mais rapidamente os resultados esperados.

Em nossa experiência, identificamos 3 cenários frequentes nas empresas:

1) Sem controle visual
2) Com controle visual e problemas sérios
3) Com controle visual e resolução rápida de problemas

Você já percebeu que a situação ideal é a 3, certo? Vamos analisar cada cenário:

1) Para chegar nesta situação, basta desconhecer completamente os conceitos deste livro. Essa empresa ainda está viva por pura sorte, cedo ou tarde seus

problemas se acumularão e os erros serão irreversíveis. Entender todo o conteúdo disponibilizado nesta obra é questão de sobrevivência para quem está neste nível.

2) Essa empresa provavelmente está imitando alguém, não há seriedade em sua busca por evolução. Neste caso, é muito fácil piorar e ir para situação 1, por isso você deve se perguntar: quais aspectos estão afetando a empresa? O que falta para atingir os resultados desejados? Qual dos aspectos (emocional, técnico, organizacional) está incompleto? O que preciso fazer para mudar esta situação?

3) Aqui, é possível manter o nível e/ou melhorar. Sua empresa se encontra neste cenário? Parabéns! Basta continuar trabalhando para evoluir nos vários aspectos e conceitos que estamos apresentando.

Se você está decepcionado por não ter encontrado um quadro de gestão visual neste capítulo, significa que ainda não entendeu o que estamos fazendo aqui. Tudo que você e seu grupo fizerem deve estar de acordo com seu nível atual, não podemos fazer uma tabela que sirva perfeitamente para sua empresa. Por isso, cada um deve fazer o seu CONTROLE VISUAL pensando e definindo cada item de acordo com suas próprias necessidades.

Para ter sucesso no Lean, você precisa entender quem é o inimigo (3MU's), padronizar (5S + processo padrão) e aplicar JIDOUKA e JIT, resolvendo, assim, todos os problemas. Cada ação deve ser baseada no entendimento dos conceitos da sistemática Lean (capítulo 4), na Inteligência Emocional (capítulo 3) e na preparação de pessoas através de organização de atividades (capítulo 5). Depois, o CONTROLE VISUAL deve ser usado para garantir a eficácia do KAIZEN (para MANTER e MELHORAR).

Nesse subcapítulo, você adquiriu os seguintes conhecimentos:
- ❖ Controle visual facilita a identificação de problemas e permite sua resolução rápida.
- ❖ Controle visual nos ajuda a cumprir o que desejamos.
- ❖ Para que o controle visual funcione, devemos ter um padrão definido.

No próximo capítulo, você irá aprender sobre organização profissional.

Capítulo 5. Organização profissional

A organização profissional tem um papel importante na construção da CREDIBILIDADE. Se ela for utilizada de forma adequada, você poderá obter os resultados necessários, assumindo projetos de maior responsabilidade até alcançar os seu SONHADO SUCESSO.

Antes de continuar, gostaria que você entendesse a interligação entre os capítulos 3, 4 e 5. Queremos que você se transforme num VENCEDOR com MINDSET forte (3), técnica forte (4) e organização forte (5).

Essa organização funciona como os músculos de nosso corpo, pois eles possibilitam o movimento do esqueleto. Ou seja, com pessoas bem-preparadas e com sistema de trabalho definido, somos capazes de ir gradualmente fortalecendo o MINDSET e a sistemática (técnica).

Em outras palavras, uma empresa necessita de pessoas com Inteligência Emocional, que tenham conhecimento técnico e sejam capacitadas/organizadas para gerar os resultados necessários.

Vamos, agora, entender quais são os requisitos para ter a organização profissional.

5.1. Exemplo e suporte

Este subcapítulo trata do fortalecimento do MINDSET para gerar engajamento, ou seja, para aumentar o EMPENHO e a MOTIVAÇÃO.

Neste processo você deve dar o exemplo, é o melhor jeito de convencer alguém a fazer algo. Não importa se você é do mais alto nível da organização ou não, dar o exemplo é mostrar que aquilo é importante, que existem vantagens. Dessa forma, os que estão à sua volta vão entender/perceber por que devem fazer o mesmo que você.

Não basta esperar que todos mudem de maneira espontânea. Não fazer nada e esperar resultados é condição insuficiente, pois queremos que as pessoas percebam a importância do que devem fazer. Trabalhar para "dar o exemplo" é uma dica preciosa para aumentar sua capacidade de influência no grupo em que está inserido.

Através do EXEMPLO, desejamos fortalecer as atitudes, as técnicas e a forma de organização, mas esse processo é trabalhoso, pois requer aulas teóricas, práticas, reforços, reflexões etc.

Em nossa experiência, encontramos com frequência os ante exemplos. Você já ouviu a frase "faça o que eu digo, mas não faça o que eu faço"? Sem dar o exemplo, é fácil perder completamente o poder de persuasão e se tornar um ante exemplo. **Não caia nessa armadilha!**

Em geral, cada um busca cumprir a sua parte e você deve fazer o mesmo. Porém, não podemos focar somente em dar o exemplo e esperar que as coisas aconteçam, pois não é o suficiente. Você precisa ser capaz de perceber as dificuldades das pessoas à sua volta para que possa ajudá-las, dando o devido SUPORTE. Ao fazer isso, será possível criar laços de confiança com seus colegas e garantir que o resultado necessário aconteça. Lembre-se sempre: todos estamos no mesmo barco. Se os problemas não forem resolvidos — ou seja, se os buracos não forem tampados — todos afundarão juntos.

5.2. Patrocínio

O patrocínio é necessário para que uma atividade seja bem-sucedida. Ele é uma proteção, uma ajuda, não somente um "apoio moral", e deve ser promovido por meio de nomeações, incentivos e orientações.

Esse apoio pode vir pela disponibilização de pessoas, recursos materiais, tempo e ferramentas para que seja possível realizar as atividades necessárias. Com isso, é possível gerar RESULTADOS e fortalecer a empresa.

5.3. Fortalecimento da estrutura

Para que você entenda este subcapítulo, vamos comparar a empresa com uma rede trançada composta de linhas horizontais e verticais. Se esta rede estiver completa e forte, ela protegerá a organização (incluindo você), mas se estiver fraca, incompleta ou rasgada, qualquer ameaça poderá causar muitos danos (psicológicos, operacionais ou perda de credibilidade), comprometendo o atendimento dos clientes e os resultados esperados.

Planejar bons resultados com a rede fraca é sinônimo de querer ganhar uma medalha olímpica sem estar devidamente preparado. Lembre-se: para vencer, o atleta precisa ser forte psicologicamente, tecnicamente e fisicamente, tendo uma estratégia adequada para vencer cada luta até chegar ao último oponente.

Agora, vamos entender como deve ser uma rede forte. As linhas horizontais e verticais precisam ser completas (sem rupturas) e fortes o suficiente para nos proteger contra as ameaças. Quanto mais inóspito ou competitivo for o ambiente em que estivermos, mais forte deverá ser esta rede.

Por exemplo: numa empresa de manufatura, é preciso definir uma série de funções (departamentos) para garantir os vários resultados necessários. Se pensarmos no esquema da rede, as principais funções das linhas horizontais seriam Gestão da Planta, Qualidade, Engenharia, Produção, Logística, Manutenção, RH, Vendas etc. Os resultados estariam nas linhas verticais (gestão, desenvolvimento de pessoas, segurança, qualidade, entrega e custos).

Ou seja, sem o entrelaçamento dessas linhas, a empresa não existiria.

Formar uma rede fechada é o primeiro passo. Depois, devemos deixá-la mais robusta para que possa conter os problemas grandes e pequenos.

Entenda que todos esses resultados (MHSQDC) fazem parte do trabalho de todas as funções e observe que é muito comum as pessoas acharem que cada um dos componentes dessa sigla é de responsabilidade exclusiva de determinados departamentos. Exemplo, gestão faz parte da Gestão da Planta, qualidade é da função de mesmo nome etc. Para ficar claro, vamos explicar falando da função Qualidade e do resultado QUALIDADE.

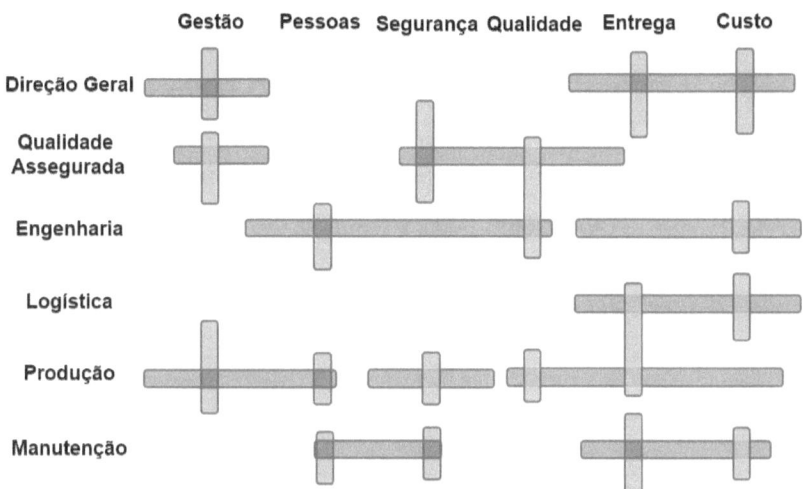

A qualidade é resultado do trabalho de todas as funções, ou seja, a Gestão da Planta deve incentivar toda a organização a contribuir para esse resultado. A Engenharia, por sua vez, deve criar máquinas e processos que garantam a qualidade enquanto a Logística entrega peças padronizadas para a produção ou mesmo para o cliente com foco no mesmo resultado. Manutenção e Produção também devem trabalhar para o mesmo fim.

O que foi citado no parágrafo acima vale para todos os itens do MHSQDC. Ou seja, para que sua empresa seja vencedora e tenha SUCESSO, é necessário que todas as funções estejam organizadas, tenham POTENCIAL DE RESULTADO e que seus esforços gerem os resultados esperados.

Se você e seus colegas negligenciarem a necessidade de fortalecimento da estrutura, fatalmente ela se tornará fraca, deixando todos vulneráveis. Ou seja, não importa onde está a fraqueza, ela precisa ser resolvida (fortalecida) para que não comprometa toda a empresa.

Cada membro de cada função deve trabalhar com foco nos RESULTADOS, isso é importantíssimo para a PROSPERIDADE da EMPRESA. Ou seja, todos devem se organizar para que os processos e estruturas sejam adequados e, portanto, para que cada indivíduo seja capaz de PERFORMAR NO MAIS ALTO NÍVEL.

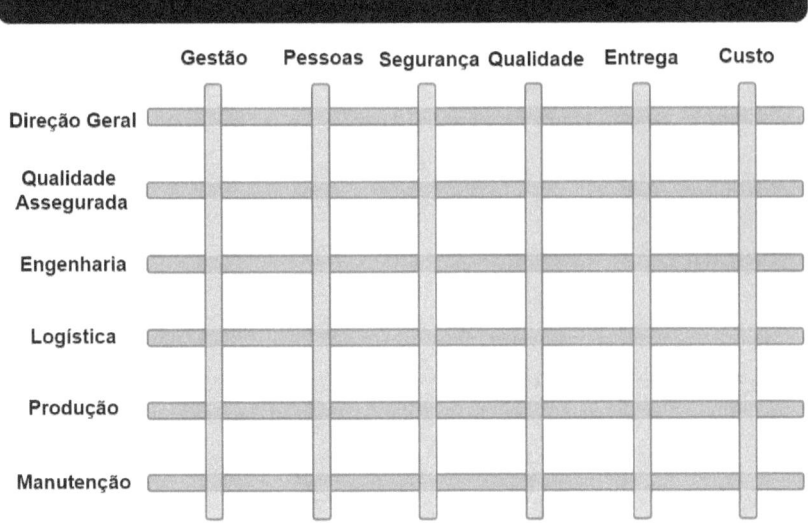

5.4. Coordenação e promoção de atividades

MANTER o que existe é importantíssimo, mas ainda é necessário CONSTRUIR o que está faltando. Afinal, se a rede estiver toda furada (incompleta), não será possível alcançar o SUCESSO.

Para que tudo ocorra conforme o planejado, primeiro você deve usar a coordenação e promoção de atividades, mantendo e melhorando tudo que existe à sua volta (fundamental). Em paralelo, devemos analisar e identificar o que precisa ser feito para melhorar o fortalecimento da empresa.

Enfatizando: devemos trabalhar no direcionamento da coordenação e promoção de atividades para MANTER E

MELHORAR o que já existe enquanto construímos a estrutura que falta.

Não esqueça que sempre haverá melhorias e aperfeiçoamentos a serem feitos. Você terá que trabalhar muito para fechar a rede e fortalecê-la, mas isso vai gerar mais coisas para manter. Para ter sucesso neste processo, busque a EFICIÊNCIA.

GESTÃO, DESENVOLVIMENTO DE PESSOAS, SEGURANÇA, QUALIDADE, ENTREGA e CUSTO são a garantia de seu SUCESSO. Ou seja, você deve trabalhar seriamente e não esperar que um golpe de sorte te leve ao sucesso.

Cada atividade deve ser feita com foco no FUNCIONAMENTO EFETIVO da empresa e nos RESULTADOS.

Neste processo, você poderá construir a sua credibilidade com base no DESENVOLVIMENTO DE PESSOAS. Com isso, será possível criar ROTINAS PADRONIZADAS para MANTER o NÍVEL ATUAL e subir AO PRÓXIMO NÍVEL DESEJADO.

Em seguida, você deverá buscar a FLUIDEZ, SIMPLICIDADE E CONTINUIDADE do trabalho para que a empresa possa atingir o melhor resultado possível com o menor custo.

Lembre-se de sempre usar o CONHECIMENTO ACUMULADO como base para criar tudo que for necessário e tenha em mente que todo esse conhecimento deve ser compartilhado para garantir o SUCESSO DE TODOS.

Siga o caminho recomendado para ELIMINAR os 3MU's (MURI, MURA e MUDA). Com isso, você terá melhoras constantes no funcionamento de sua empresa, o que te levará ao SUCESSO.

Faça a COORDENAÇÃO E PROMOÇÃO DE ATIVIDADES visando os objetivos MACRO (ESTRATÉGICO) e MICRO (OPERACIONAL).

MACRO

No MACRO, você deve ter uma visão estratégica, entendendo onde a sua rede está fraca. Priorize várias frentes de trabalho para promover o fortalecimento da empresa, sempre pensando na estrutura física necessária e na estrutura humana (conhecimentos, habilidades e atitudes).

Este caminho nos ajuda a definir um propósito e desenvolver a visão de longo prazo. Quanto maior for o SONHO/VISÃO, mais forte deverá ser essa estrutura.

MICRO

No MICRO, você deve trabalhar para que cada indivíduo da empresa mantenha o espírito VENCEDOR em seu coração. É preciso que todos busquem os objetivos MICRO diariamente para garantir os objetivos MACRO.

Para isso, todos devem ter o DNA VENCEDOR, composto de MINDSET, TÉCNICA (sistemática de trabalho) e ORGANIZAÇÃO.

No nível operacional (MICRO) é importante que tudo seja feito com o objetivo de contribuir para o desenvolvimento das pessoas. Tenha ROTINAS PADRONIZADAS, lógicas claras, sequências definidas que todos possam obedecer e cumprir. Assim como cada célula do corpo humano, cumpra sua função em harmonia com a empresa, buscando ter saúde, energia e eficiência.

Nesse capítulo, você adquiriu os seguintes conhecimentos:

- ❖ Devemos dar o exemplo, inspirar as pessoas, apoiar e dar suporte
- ❖ Patrocinar significa criar condições para que as atividades possam acontecer
- ❖ Fortalecer a estrutura é manter o que existe e criar o que for necessário
- ❖ Acumular e compartilhar conhecimento é fundamental para fortalecer cada indivíduo e, consequentemente, toda a equipe.

No próximo capítulo, você irá conhecer as 5 atitudes fundamentais para o sucesso.

Capítulo 6. As 5 atitudes fundamentais para o sucesso

A primeira atitude é se desafiar. Você não deve cair na zona de conforto, pois esse lugar está reservado para os acomodados e perdedores, portanto esteja sempre pronto para o próximo desafio.

Procurar oportunidades para melhorar os processos deve ser uma ação diária. Você já sabe bem que é sempre possível fazer melhor, então preste muita atenção e nunca faça o fechamento do dia sem realizar ao menos UMA atividade inovadora.

Esses desafios não serão fáceis e o grande segredo para superá-los é ter resiliência e nunca desistir. A atividade pode parecer horrível, mas nunca será maior que a sua vontade de VENCER.

A segunda atitude é ter o respeito como princípio básico. Não importa o tamanho da sua divergência com a outra pessoa, JAMAIS deve haver desrespeito, mesmo no momento mais acalorado. É importante lembrar das técnicas que ensinamos no capítulo 3 sobre Inteligência Emocional para entender quais são os seus gatilhos e estar preparado para evitar situações de disparo.

Além disso, rispidez e agressão verbal não são as únicas formas de desrespeito. A sua responsabilidade deve estar muito presente ao transmitir o conhecimento para as outras pessoas, principalmente aos mais novos (que futuramente poderão ocupar o seu lugar atual). Não fazer isso é menosprezar o outro e colocar seu interesse pessoal acima do coletivo.

A terceira atitude é compreender que o trabalho em equipe torna todos mais fortes. Vamos supor que a performance produtiva de um operador é de X/hora; se colocarmos 10 operadores, naturalmente o limite desse grupo subirá para 10X/hora, mas se todos realmente trabalharem como um time, poderão produzir 100X/hora ou até mais. Isso acontece porque a real capacidade de uma equipe é muito maior que a soma do potencial individual de cada um de seus membros.

Essa força do grupo nunca deverá ser menosprezada.

Você já deve ter passado por alguma situação em que parecia impossível atingir a meta. Como mencionado no parágrafo anterior, a solução está na união da equipe e na redistribuição das atividades para equilibrar a carga de cada membro. Essa colaboração mútua deve ocorrer diariamente com foco e engajamento e nos resultados.

A quarta atitude é a melhoria ou KAIZEN. "Eu sempre posso fazer melhor" e esse mantra deve ser repetido várias vezes e todos os dias. Você deve ter muito clara em sua mente a ideia de que todo o processo pode ser melhorado, portanto nunca acredite que alguém já atingiu o ponto máximo, pois isso é apenas teórico. Na prática, sempre será possível evoluir.

O espírito do KAIZEN precisa estar dentro de cada colaborador. Além disso, o departamento de melhorias deve apenas coordenar as atividades e não ser o responsável por todas as evoluções. O ideal é que os reconhecimentos sejam direcionados para as pessoas que transformam os processos, pois apenas quem realiza as tarefas sabe o esforço necessário para cumpri-las. Desta forma, os louros são de quem se empenhou para a conclusão dos trabalhos.

A quinta atitude é buscar os fatos e criar um consenso para resolver os problemas nas equipes. Para ter certeza do que ocorreu, é necessário verificar o local em que os processos aconteceram (GENBA), observar os operadores trabalhando e conversar com eles. Essa é uma dica de ouro para saber o que precisa ser melhorado. Está na hora de focar no plano de ação e buscar, na prática, os objetivos bem definidos e os pontos de verificação no cronograma, conforme foi falado no capítulo 2. Esse é o momento de engajar o time através do comprometimento com os prazos desse projeto.

Quando você se comunicar com a alta gerência ou com a diretoria, fale sobre retorno de investimento. Utilize o seu poder de convencimento para conquistar o patrocínio necessário para o projeto e demonstre o quanto a empresa irá ganhar com essa atividade. Sabe por que deve fazer isso? Porque eles também são cobrados dessa maneira. **O lucro da atividade sempre deve ser mencionado**.

O seu objetivo em todo o processo de melhoria deve ser regido pelas melhorias das condições de trabalho. Se a produção for facilitada, a eficiência aumentará e, por consequência, você terá ganhos de produtividade. Dessa forma, a sonhada redução de custo acontecerá naturalmente.

Colocando em prática essas 5 atitudes, você estará preparado para trilhar o caminho do sucesso, mas agora é hora de partir para a ação. Você deve entender que hoje o prazo é mais importante que um perfeito planejamento, portanto iniciar uma atividade sem ter todas as respostas será corriqueiro. Durante o desenvolvimento, você irá enxergar oportunidades que não via no projeto e, com isso, poderá fazer os ajustes necessários.

Nesse capítulo, você adquiriu os seguintes conhecimentos:

- ❖ Você deve se desafiar para nunca cair na zona de conforto
- ❖ Respeitar as pessoas é essencial
- ❖ A força da equipe é muito maior que a soma do potencial de cada membro
- ❖ Cada pessoa da empresa deve ter o espírito de melhoria ou KAIZEN
- ❖ Devemos buscar os fatos e criar um consenso

No próximo capítulo, você vai entender como garantir resultados expressivos e duradouros.

Capítulo 7. Como garantir resultados expressivos e duradouros

"Onde não há padrão, não pode haver melhoria" (Taiichi Ohno)

O conhecimento não é suficiente para garantir resultados, portanto você deve agir para transformar o status quo. Não podemos ficar contentes com os resultados que foram alcançados anteriormente, precisamos conduzir as atividades que irão exceder as expectativas de todos para garantir que essas ações continuem firmes ao longo do tempo. Dessa forma, as condições de trabalho poderão ser melhoradas e a equipe continuará motivada para seguir trabalhando sem que ninguém precise mandar. Você verá que não é um milagre.

Para construir a sua credibilidade, a entrega deve ser sempre melhor que o acordado. No início de cada projeto, é imprescindível alinhar as expectativas e entender muito bem as necessidades do seu cliente, seja ele interno ou externo, antes de negociar como deverá ser essa entrega. Entenda que isso é apenas o mínimo que você irá fazer. Podem ocorrer alguns problemas durante o desenvolvimento, mas se a sua meta já considerava a pior das hipóteses, ainda será possível atingi-la. Se cada encerramento exceder as expectativas do cliente, a confiança dele no seu trabalho irá aumentar, portanto não se preocupe com o tamanho dos desafios.

Através do poder de convencimento, você irá demonstrar como é possível fazer melhor todos os dias, tornando as tarefas mais importantes para quem irá executá-las. Esse é o grande segredo para reafirmar os objetivos sem falar sobre eles o tempo todo. A cada processo, construa um mapa evidenciando os pontos fortes e fracos para esclarecer qual sequência deverá receber a atenção da equipe para melhoria. Essa escolha deve ter como base o padrão de cada um desses processos para que você consiga identificar suas variações. Uma sugestão: comece pelos menos estáveis para que a evolução seja mais evidente.

Quanto mais claros, robustos e completos são os processos, melhor será o Padrão e, portanto, mais fácil para perceber as variações (anormalidades).

Além disso, essas anormalidades evidenciam pequenos problemas. Por exemplo: se uma máquina estiver com um vazamento de óleo, ela não conseguirá atingir o nível preestabelecido. Para fazer sua manutenção, é necessária apenas a troca de uma borracha de vedação, isso é muito simples de resolver. Por outro lado, se o supervisor mandar continuar a produção porque precisa de uma entrega rápida, o tanque de óleo pode secar e gerar uma quebra do motor ou da transmissão, o que sairá muito mais caro para a empresa. Enfim, a robustez do processo gera a estabilidade que possibilita o salto de produtividade necessário para passar para o próximo nível.

É importante ser proativo, isso ajuda a evitar uma série de transtornos. Nesse momento, devemos utilizar as técnicas aprendidas no capítulo 4, nada de ideias mirabolantes, apenas o básico (5S e trabalho padronizado bem-feitos). Depois disso, você será capaz de estabilizar a produção através da eliminação dos inimigos da performance (MURI, MURA e MUDA).

Tenha sempre em mente que ninguém é um super-herói para fazer tudo sozinho. Desenvolva as pessoas para consolidar uma equipe forte e engajada, isso também é uma grande demonstração de respeito por todas elas. Agora você já sabe as técnicas Lean e como fazer as melhorias necessárias, portanto seja um professor, não tenha vergonha ou receio de ser criticado, pois o benefício que esse grupo irá receber é muito maior que os sentimentos negativos. Com seus ensinamentos, o time começará a enxergar as oportunidades que não via antes e será reconhecido pelo bom trabalho, isso é transformador. Além disso, você plantará a semente da Melhoria Contínua em cada uma dessas pessoas, gerando eficiência e transformando cada indivíduo em um verdadeiro solucionador de problemas.

Para tornar o treinamento mais interessante e eficaz, tire um tempo do seu dia ou da sua semana para transmitir esse conhecimento e mescle a parte teórica com a prática. Uma dica de ouro é fazer, junto com sua equipe, o chamado GENBA WALK, ou seja, caminhar pela produção com o objetivo de aprender os processos e enxergar oportunidades de melhoria. Aponte quais atividades podem ser realizadas com mais produtividade e demonstre as possíveis alternativas, assim todos poderão entender como construir um projeto do início ao fim. Depois de duas ou três voltas na fábrica, eles já estarão aptos a fazer isso sem a sua presença, então você poderá acompanhar seu desenvolvimento com um pouco mais de distância e partir para a próxima turma.

Com a parte técnica muito bem consolidada, é hora de focar no LEAN EMOCIONAL. Lembre-se dos conceitos aprendidos sobre a Inteligência Emocional do capítulo 3 e transmita também esse conhecimento. Você já sabe que flutuações emocionais afetam diretamente a performance do indivíduo, portanto ter essa capacidade interfere de maneira positiva no resultado da empresa.

Veja alguns dos benefícios de ter uma equipe com uma base forte de Inteligência Emocional:

- Ambiente de trabalho agradável e harmônico;
- Equipes que utilizam a cooperação mútua, ou seja, todos colaboram para o ganho da empresa;
- Pessoas que praticam a empatia estão dispostas a resolver o problema do outro;
- Problemas pessoais são resolvidos sem afetar a performance ou o clima do ambiente de trabalho;
- Todos têm segurança para tomar decisões;
- Não há medo de agir nem de corrigir algo para atingir o objetivo;
- Controle do estresse e ansiedade, evitando doenças como a Síndrome de Burnout.
- Sem conflitos de relacionamento pessoal;

- Sem problemas de comunicação;
- Autoconfiança e a certeza de que é possível superar qualquer obstáculo.

Nesse momento, alguns membros já estão se destacando. Continue dando atenção para todos os interessados, pois as pessoas têm tempos distintos de desenvolvimento.

Todos somos gestores do nosso tempo, das nossas atividades e da nossa vida pessoal, mas apenas alguns serão gestores de equipes. Os líderes devem ter uma série de funções, assim como boa comunicação, poder de convencimento, organização, segurança para tomada de decisões e, acima de tudo, a capacidade de cuidar das pessoas. Se você transmitir o seu conhecimento com tranquilidade, poderá encontrar facilmente o seu sucessor e subirá ainda mais na sua carreira.

Com uma equipe forte tecnicamente, emocionalmente e com capacidade de gestão, é possível construir a rede da empresa (que foi detalhada no capítulo 5). Todas as pessoas de cada um dos departamentos deverão focar na solidez da companhia não importando o seu setor, pois em cada uma das suas atividades haverá comprometimento com gestão (M), pessoas (H), segurança (S), qualidade (Q), entrega (D) e custo(C). Com isso, a corporação estará blindada contra as oscilações de mercado.

Nesse capítulo, você adquiriu os seguintes conhecimentos:

- ❖ Construa a sua credibilidade
- ❖ Desenvolva o seu poder de convencimento
- ❖ Defina um padrão de produção
- ❖ Seja proativo para evitar ocorrências
- ❖ Promova o desenvolvimento técnico e emocional da sua equipe
- ❖ Construa uma rede forte

No próximo capítulo, vamos concluir e encerrar nossa jornada.

Capítulo 8. Você no caminho do sucesso.

Aplicar todo o conhecimento obtido nesse livro possibilita a transformação dos processos produtivos e a obtenção de resultados expressivos e duradouros. Devemos criar a consciência em cada indivíduo de que ele é capaz de fazer melhor a cada dia, principalmente se todos trabalharem em equipe.

A aplicação de alguns conceitos parece simples na teoria, mas não é fácil executá-los com crenças limitantes. Você deve deixar claro para todo o grupo que errar faz parte do processo de inovação, pois não existe receita nem mapa para o sucesso. No fim das contas, precisamos aprender com as nossas falhas sem procurar os culpados, apenas mantendo o foco nas soluções.

Dentro de um grupo de trabalho, o mais importante é ouvir e para isso você precisa estar pronto para receber opiniões diversas às suas. Pode ser bem complicado se não souber administrar as suas emoções, mas com Inteligência Emocional, você e sua equipe terão condições de enxergar com os olhos de todos. Isso trará uma riqueza de ideias e percepções nunca conquistadas e abrirá todas as portas para uma produção mais eficiente.

Livre-se da obrigação de utilizar uma ferramenta Lean para resolver um problema, pois seu foco deve estar sempre na SOLUÇÃO, não no meio para solucionar. Em outras palavras, você não deve usar uma bazuca para matar uma formiga, basta utilizar as técnicas adequadas e se certificar de que não haverá reocorrência.

As mudanças que são duradouras sempre começam pela melhoria da condição de trabalho com foco no aumento da produtividade. Com isso, será possível reduzir problemas de qualidade e segurança, melhorar a eficiência e naturalmente reduzir os custos de produção. Além disso, o colaborador que participa do processo de transformação do próprio posto de labor se sente valorizado e visto pela empresa (sentimento de pertencimento) o que acarreta uma grande motivação.

Lembre-se: para multiplicar a força de trabalho deve haver o pensamento de equipe. Como resultado, haverá mais esforços para impulsionar todas as melhorias de processo, conforme explicado no capítulo 6. A força do grupo é muito maior do que a somatória do potencial individual de cada um dos seus membros, portanto incentivar as atividades coletivas reduz a caminhada rumo aos nossos objetivos e torna tudo justo e perfeito.

Ficamos muito felizes em saber que você está concluindo a leitura desse livro. Esperamos que tenha gostado e que esse conhecimento seja muito proveitoso em sua vida profissional e pessoal. Também pedimos a atenção e gentileza de deixar sua avaliação no site amazon.com, mas se preferir pode nos enviar suas impressões por e-mail junto com uma foto sua. Isso é muito importante para nós, somos gratos desde já.

Estamos certos de que esse será apenas o início de um grande relacionamento ou até de uma possível amizade. Podemos continuar guiando sua trajetória profissional através dos nossos treinamentos e consultorias, tanto online quanto presencialmente, assim como já fizemos com centenas de profissionais nos últimos anos.

Por fim, nosso último pedido: para que nosso propósito de vida continue sempre vivo, transmita o conhecimento adquirido para todos aqueles que estiverem interessados. Quando passamos o que sabemos, nós acendemos outras luzes, despertamos outras mentes, portanto não deixe que essa chama se apague!

Juntos iremos iluminar o mundo!

Nossa eterna GRATIDÃO,

Eduardo Yoshida e André Borgomoni.

www.ingramcontent.com/pod-product-compliance
Lightning Source LLC
Chambersburg PA
CBHW020438220526
45464CB00002B/754